Python语言区块链开发实战

吕鉴涛 / 编著

人民邮电出版社
北京

图书在版编目（CIP）数据

Python语言区块链开发实战 ： 微课版 / 吕鉴涛编著
. -- 北京 ： 人民邮电出版社，2022.8（2023.4重印）
（区块链技术开发系列）
ISBN 978-7-115-58849-4

Ⅰ. ①P… Ⅱ. ①吕… Ⅲ. ①软件工具－程序设计－研究②区块链技术－研究 Ⅳ. ①TP311.135.9 ②TP311.561

中国版本图书馆CIP数据核字(2022)第043599号

内 容 提 要

区块链技术作为当前极具影响力的重大创新技术之一，引起了全球各界人士的广泛关注。它以去中心化的方式集体维护可信数据，具有防篡改、高度可扩展等特点，是构建价值互联网的基石。

本书共 8 章。第 1 章从概念和原理上对区块的定义与数据结构、区块链的构成等进行详细描述，并介绍哈希算法、非对称加密技术与数字签名、默克尔树、共识算法、区块链分叉等内容。第 2 章和第 3 章着重介绍区块链模拟系统的构建，以及在此基础上开发的去中心化应用。第 4 章介绍如何利用 Ganache 和 MetaMask 在本地搭建以太坊私有网络，并进行简单的测试。第 5 章介绍如何利用 Python 版本的 Web3 提供的 API 与以太坊节点进行交互，以及如何基于 Brownie 框架进行区块链应用编程。第 6 章介绍与区块链应用紧密相关的 IPFS。第 7 章介绍 SQLite 和 LevelDB 这两种在区块链应用中常用的嵌入式数据库。第 8 章在前面章节的基础上详细介绍如何开发一个基于区块链的电子证书认证系统。

本书可作为高等院校人工智能、大数据、计算机、信息安全等相关专业的教材，也可供对区块链技术感兴趣并且具有一定计算机和数学基础的人员参考使用。

◆ 编　　著　吕鉴涛
　责任编辑　王　宣
　责任印制　王　郁　陈　犇
◆ 人民邮电出版社出版发行　　北京市丰台区成寿寺路 11 号
　邮编　100164　　电子邮件　315@ptpress.com.cn
　网址　https://www.ptpress.com.cn
　大厂回族自治县聚鑫印刷有限责任公司印刷
◆ 开本：787×1092　1/16
　印张：14.75　　2022 年 8 月第 1 版
　字数：291 千字　　2023 年 4 月河北第 2 次印刷

定价：69.80 元

读者服务热线：(010)81055256　印装质量热线：(010)81055316
反盗版热线：(010)81055315
广告经营许可证：京东市监广登字 20170147 号

2019年10月24日，中共中央政治局就区块链技术发展现状和趋势进行第十八次集体学习，习近平总书记在主持学习时强调，区块链技术的集成应用在新的技术革新和产业变革中起着重要作用。我们要把区块链作为核心技术自主创新的重要突破口，明确主攻方向，加大投入力度，着力攻克一批关键核心技术，加快推动区块链技术和产业创新发展。

2020年4月30日，教育部印发《高等学校区块链技术创新行动计划》，文件提出，引导高校汇聚力量、统筹资源、强化协同，不断提升区块链技术创新能力，加快区块链技术突破和有效转化。2020年初，教育部高等学校计算机类专业教学指导委员会参与审核的“区块链工程（080917T）”获批成为新增本科专业，两年来已有15所高校设置区块链工程专业。

2020年7月，信息技术新工科产学研联盟组织编写并发布了《区块链工程专业建设方案（建议稿）》。该方案依据《普通高等学校本科专业类教学质量国家标准》（计算机类教学质量国家标准）编写而成，内容涵盖区块链工程专业的培养目标、培养规格、师资队伍、教学条件、质量保证体系及区块链工程专业类知识体系、专业类核心课程建议、人才培养多样化建议等。该方案为高等学校快速、高水平建设区块链工程专业提供了重要指导。

区块链技术和产业的发展，需要人才队伍的建设作支撑。区块链人才的培养，离不开高校区块链专业的建设，也离不开区块链教材的建设。为此，人民邮电出版社面向国内区块链行业的人才需求特征和现状，以促进高等学校专业建设适应经济社会发展需求为原则，组织出版了“区块链技术开发系列”丛书。本系列丛书也入选了“十四五”时期国家重点出版物出版专项规划项目。

本系列丛书从整体上进行了系统的规划，案例以国内的自主创新成果为主。系列丛书编委会和作者们在深刻理解、领悟国家战略与区块链产业人才需求及《区块链工程专业建设方案（建议稿）》的基础上，将区块链技术的起源、发展与应用、体系架构、密码学基础、合约机制、开发技术与方法、开发案例等内容，按照产业人才培养需求，采用通俗易懂的语言，系统地组织在该系列丛书之中。

其中，《区块链导论》《区块链密码学基础》涵盖区块链技术的发展与特点、体系结构、区块链安全、密码学理论基础等内容，辅以典型应用案例。《Go 语言 Hyperledger 区块链开发实战》《Python 语言区块链开发实战》《Rust 语言区块链开发实战》《Solidity 智能合约开发技术与实战》这 4 本基于不同语言的区块链开发实战教材，通过不同的区块链工程应用案例，从不同侧面介绍了区块链开发实践。这 4 本教材可以有效提升区块链人才的开发水平，培养具有不同专业特长的高层次人才，有助于培育一批区块链领域领军人才和高水平创新团队。《区块链技术及应用》一书，通过典型工程案例，为读者展示了区块链技术与应用的分析方法和解决方案。

难能可贵的是，来自教育部高等学校计算机类专业教学指导委员会、信息技术新工科产学研联盟、国内一流高校以及国内外区块链企业的专家、学者、一线教师和工程师们，积极加入本系列丛书的编委会和作者团队，为深刻把握区块链未来的发展方向、引领区块链技术健康有序发展做出了重要贡献，同时通过丰富的理论研究和工程实践经验，在丛书编写中建立了理论到工程应用案例实践的知识桥梁。本系列丛书不仅可以作为高等学校区块链工程专业的系列教材，还适用于业界培养既具备正确的区块链安全意识、扎实的理论基础，又能从事区块链工程实践的优秀人才。

我们期待本系列丛书的出版能够助力我国区块链产业发展，促进构建区块链产业生态；加快区块链与人工智能、大数据、物联网等前沿信息技术的深度融合，推动区块链技术的集成创新和融合应用；能够提高企业运用和管理区块链技术的能力，使区块链技术在推进制造强国和网络强国建设、推动数字经济发展、助力经济社会发展等方面发挥更大作用。

陈钟

教育部高等学校计算机类专业教学指导委员会副主任委员

信息技术新工科产学研联盟副理事长

北京大学信息科学技术学院区块链研究中心主任

2021 年 9 月 20 日

区块链技术起源于比特币（Bitcoin），是“数字加密货币”的底层支撑技术，自诞生以来便引起了全球各界人士的广泛关注。第一个分布式区块链概念由中本聪（Satoshi Nakamoto）于2008年提出，并于次年作为数字货币比特币的核心组成部分成为所有交易的公共分类账本。区块链使比特币成为第一种解决双重消费问题的数字货币，而无须依赖可信机构或中央服务器。区块链技术作为当前极具影响力的重大创新技术之一，因其网络去中心化、数据防篡改、高度可扩展等特点，具有极为广阔的应用前景。

近年来，区块链技术及其应用在我国引起了诸多行业的广泛关注，北京、上海、深圳等城市先后成立了很多不同形式的联盟，区块链的应用开发实践也在以金融科技为代表的领域逐渐展开，同时，在媒体的推动下不断掀起讨论热潮。总体来看，在多种力量和因素的催化下，区块链或许已经步入了一个快速发展的时期。但是，DAO事件、比特币超发漏洞、比特币交易所遭受的DDoS攻击等一系列安全事故的发生，也透露出目前区块链技术仍然面临着安全风险与挑战。

本书内容

从技术上看，区块链从最初以比特币为代表的能完成简单支付的账本区块链系统，发展到以以太坊为代表的能处理复杂业务的智能合约区块链平台，再发展到目前综合使用分层、分片、跨链、新型共识机制、新型数据结构、可靠加密算法等多种技术的大型复合结构，这给区块链行业的从业者提出了更高的要求。我们需要更全面和深入地了解区块链技术所涉及的诸多知识要点和技术细节。为此，本书对密码学等区块链技术基础、区块链去中心化应用、与区块链技术密切相关的数据库技术、分布式文件存储技术等进行介绍，力图让读者从全局的角度出发对区块链技术有充分的了解。

本书特色

1. 着重讲解实际应用，激发读者学习兴趣

由于区块链技术所涉及的相关背景知识非常广泛，有些知识甚至晦涩难懂，因此本书并不着重讲解这些知识，而是着重讲解这些知识的实际应用，通过实战使读者反复理解和消化这些知识。本书通过选用许多简单、易上手的示例，告诉读者如何将这些知识应用到实战中，以激发读者的学习兴趣。

2. 基于代码讲解技术，助力培养实战技能

本书最大的特色是在使用通俗易懂的语言进行技术讲解的同时辅以大量的 Python 代码，从实战角度对技术细节进行诠释。每段代码都附有详细的注释，可以帮助读者清晰理解和快速掌握这些代码所涉及的概念、原理和技术。

3. 配套立体化教辅资源，全方位服务教师教学

本书配套提供 PPT 课件、教学大纲、教案、微课视频、源代码、课后习题答案等教辅资源，全方位帮助院校教师开展区块链教学。

致谢

本书由吕鉴涛编著，参编人员还有程小伟、郭洋、卫金磊、刘民、潘希鸿等。

感谢我的家人，特别是我的夫人何玲女士和幼子吕禹铤。我在编写本书的过程中，占用了大量本应陪伴他们的时间。我们的生活何曾不似一个区块链，每个人作为这宏伟巨链上的一个节点，日常的点点滴滴作为区块，平淡也好，绚丽也罢，终会在这生活的链上演绎出各自不可篡改的精彩人生。日后闲暇之余，再来回顾这些过往的写书岁月，但愿不会因虚度年华而悔恨，也不会因碌碌无为而羞愧。

由于编者水平有限，同时区块链技术的发展日新月异，书中难免存在不妥和疏漏之处，敬请广大读者朋友不吝指正。

吕鉴涛

2022 年春于成都

目录
Contents

第1章

区块链原理与技术基础

第2章

简单的区块链模拟系统

第3章

基于区块链模拟系统的去中心化应用

第4章 本地以太坊私有网络

第5章 基于 Web3 和 Brownie 的以太坊区块链编程

第 6 章 区块链与 IPFS

第 7 章 区块链应用与嵌入式数据库

第 8 章 基于区块链的电子证书认证系统

第1章 区块链原理与技术基础

2009 年，比特币的诞生是 IT 领域一个标志性的事件，作为其底层支撑技术的区块链（Blockchain）开始揭开其神秘的"面纱"，并逐步走进了人们的生活，给"数字经济时代"带来了巨变的曙光。区块链作为一种目前主流的分布式账本（Distributed Ledger）技术，利用巧妙的技术设计和数据操控方式，可以在多个领域为多方协作提供信任基础，其重要意义在于可以构建一个更加可靠的互联网系统，从根本上解决价值交换与转移过程中的欺诈和寻租现象。区块链技术以去中心化的方式集体维护可信数据，具有防篡改、高度可扩展等特点，正与大数据、云计算、人工智能、5G 等新一代信息技术快速融合，并应用到政务、金融、医疗、司法治理等重要领域，有望推动人类从信息互联网时代步入价值互联网时代。

区块链技术的发展和广泛应用引起了世界性的关注。近年来，联合国、国际货币基金组织等加强了对区块链技术的深入研究和探讨，国际标准化组织（International Organization for Standardization，ISO）、电气与电子工程师学会（Institute of Electrical and Electronics Engineers，IEEE）等组织通过标准化工作推动区块链技术的全球共识和规范化发展。全球主要国家都在加快布局区块链技术的发展，产业界、学术界也纷纷开展区块链技术的创新和应用探索，并取得了良好的阶段性发展成果。许多国家认识到区块链技术的巨大应用前景，开始从国家层面设计区块链的发展道路。我国也已明确把区块链作为核心技术自主创新的重要突破口，加快推动区块链技术和产业创新发展。区块链作为国家战略正在快速发展并逐渐渗透到我国经济发展的各个领域，将成为我国数字经济发展的重要基础设施。

1.1 区块链简介

区块链技术简介

在深入讨论区块链技术及其应用之前，我们需要先了解区块链技术到底是什么。简而言之，区块链技术是由分布式数据存储、点对点数据传输、共识机制、加密算法等技术实现的大规模、去中心化的计算机技术的新型应用模式。从本质上而言，区块链系统是一个公开透明、不可篡改、去中心化的分布式账本数据库。

1.1.1 区块链的构成

从狭义上讲，区块链是一种按照时间顺序将数据区块相连而成的链式数据结构，并以加密的方式保证具有不可篡改和不可伪造的分布式账本。从广义上讲，区块链是利用链式数据结构来验证与存储数据，利用分布式节点共识协议（Consensus Protocol）来生成和更新数据，利用各种加密算法来保证数据传输和访问的安全，利用由自动化脚本代码组成的智能合约（Smart Contract）来操控数据的一种全新的分布式基础架构与计算方式。

如图 1-1（a）所示，每个区块链都是由一系列前后相连的区块（Block）按照一定规则构成的。以比特币为例，在区块链中，每个区块都存储着一段时间内产生的交易信息，并且为了确保整个区块链的完整性，每个区块将包含作为区块索引的哈希值（Hash Value）、时间戳（Time Stamp）、数据以及前一个区块的哈希值（Hash of Previous Block）等。哈希值通常也被叫作散列值，二者完全等同。

构建的第一个区块称为创世区块（Genesis Block），它拥有唯一的 ID。除创世区块之外，每个后续建立的新区块都包含两个 ID，即本区块的哈希值和前一个区块的哈希值，分别对应该区块自身的 ID 和前序区块的 ID，这些 ID 皆由哈希算法生成，可以看成区块的“数字指纹”（Digital Fingerprint）。区块链的基本数据构成如图 1-1（b）所示。

通过区块 ID 形成的前后指向关系，将所有区块有序连接起来就构成了区块链。如果某个区块的内容被更改，该区块的哈希值也一定会改变，正是通过这种方式来确保区块链数据的不可篡改性。如图 1-1（c）所示，若对 block_1 的内容进行修改，block_1 的 hash 就会发生变化，导致 block_2 的 previous_hash 和 block_1 的 hash 不一致，从而导致该区块链断裂。

区块链的构成与连接

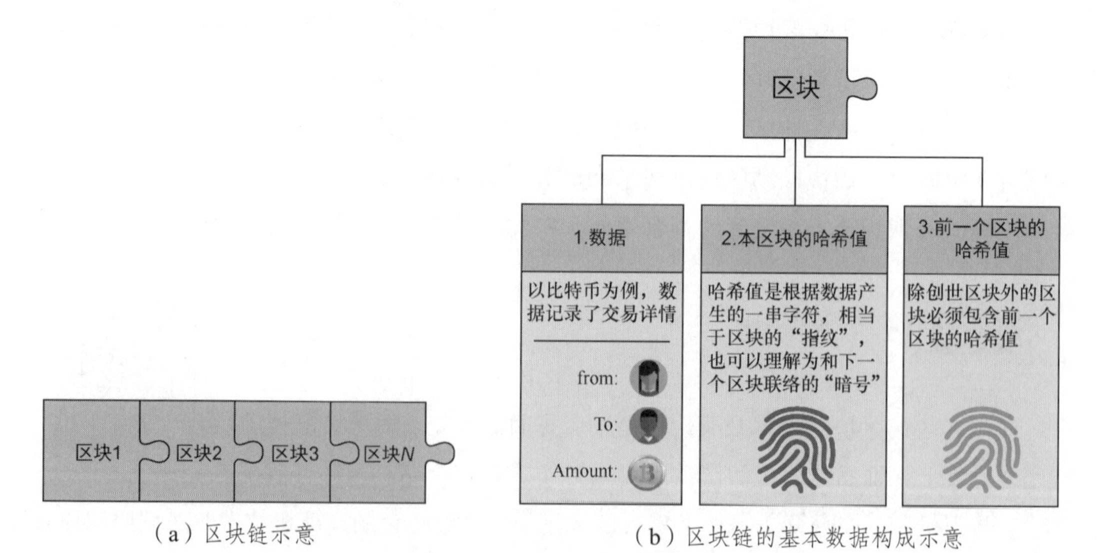

（a）区块链示意

（b）区块链的基本数据构成示意

图 1-1 区块链技术原理示意

genesis_block	previous_hash	0
	data	this is the genesis block
	hash	bb8d6f67262cdda0872593280a5b0642a07a1196 bbcc3042379811cf25b8c9d1
block_1	previous_hash	bb8d6f67262cdda0872593280a5b0642a07a1196 bbcc3042379811cf25b8c9d1
	data	this is block 2
	hash	0906977a66813074c24013ae6ddcbdbf6e437face 835eae43d1a45eb663ea5ec
block_2	previous_hash	eef23e3fd8de411b5138dfc7c936f343fcb11cfce1 1757e6118b172a192307d5
	data	this is block 2
	hash	802631e0a0a6efcace29b7d826b64b9bc59a29ec 4b220afd562f1ccd66641961
block_3	previous_hash	802631e0a0a6efcace29b7d826b64b9bc59a29ec 4b220afd562f1ccd66641961
	data	this is block 3
	hash	ea4991a6b820214c68527d752b409d8a7a6e9cbd 837373d737903e0f4d988d80

（c）区块链数据的不可篡改性示意

图 1-1　区块链技术原理示意（续）

1.1.2　区块链的运行原理与演示

区块链系统是由一系列分布在全球各地的分布式节点组成的。这些节点互不隶属，通过专门的网络协议进行连接，从而构成一种在对等者（Peer）之间分配任务和工作负载的分布式对等计算机网络，我们通常将其称为 P2P（Peer to Peer）网络。P2P 网络的相关知识，我们将通过本章后续内容进行更详细的介绍，在此先不赘述。

构成区块链的去中心化 P2P 网络中的第一个节点被初始化并生成创世区块以后，后续运行通常包括以下几个主要步骤。

（1）添加新节点（数据上链）。

（2）节点加入后同步最新的区块链数据。

（3）节点生成的区块向网络中其他节点进行广播，其他节点收到广播后开始判断是否已经收到过该区块，若收到就忽略，否则将验证其有效性，有效的区块会被收到广播的节点添加到自身节点的区块链中。

区块链演示网站操作简介

下面通过一个区块链演示网站来直观地了解区块链具体是如何运行的。

（1）在浏览器地址栏中输入 Blockchain Demo 的网站地址（参见本书附带的电子资源），打开演示网站，即可看到页面包括 4 个区域，如图 1-2（a）所示。左上角区域用于展示区块链中所有节点的信息，单击右上角区域的“Add Peer”按钮，可向区块链中添加节点，中间区域用于显示区块链中的区块信息，单击最下面区域的“ADD NEW BLOCK”按钮，可以向区块链中添加一个新的区块。网站的初始化页面的默认区块链中有一个节点“Satoshi”（比特币创始人中本聪的英文名）和一个创世区块。

在图 1-2（b）所示的这个区块中，包括以下几个部分：数据（图中所示的“DATA”部分）、父区块哈希值（图中所示的“PREVIOUS HASH”部分）、本区块哈希值（图中所示的“HASH”部分）、索引（图中所示的“GENESIS BLOCK”部分）、时间戳（图中所示的时间部分）、随机数（图中所示的“604”部分）等。该示例区块为创世区块，因其无父区块，故其“PREVIOUS HASH”值为 0。创世区块的索引也为 0，这里没有显示其索引值而以“GENESIS BLOCK”替代。有效的哈希值以“000”作为开头。

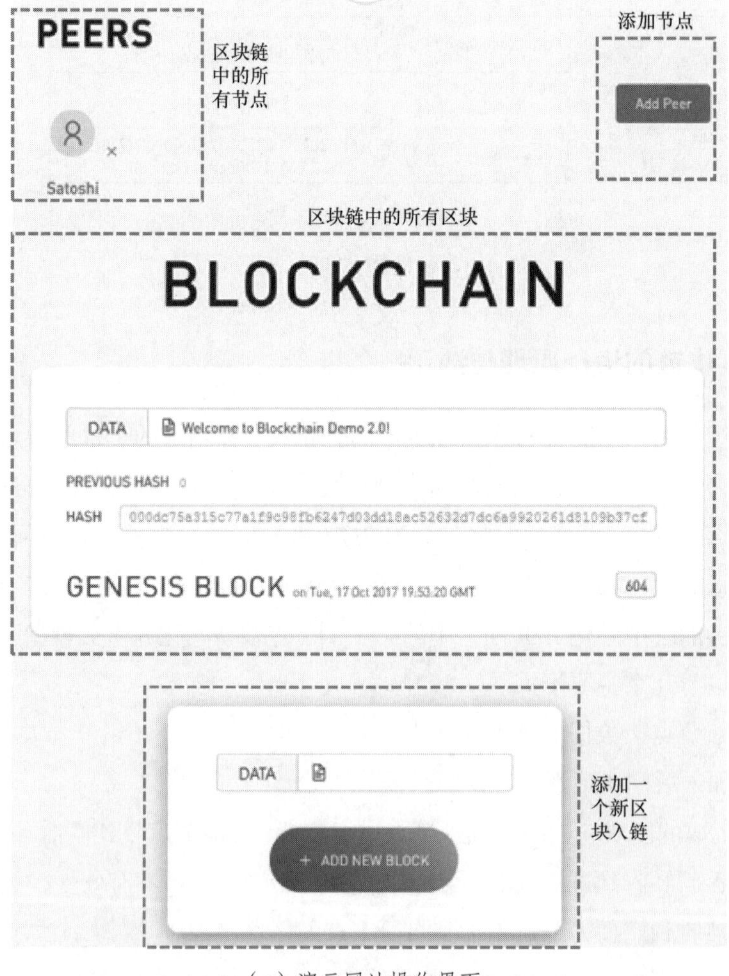

（a）演示网站操作界面

图 1-2　区块链运行演示网站页面说明

（b）模拟区块链中的区块结构

图 1-2　区块链运行演示网站页面说明（续）

（2）创建新区块。在操作页面底部的“DATA”文本框中输入“New Block 1”，并单击“ADD NEW BLOCK”按钮来添加一个新区块。同样地，添加内容为“New Block 2”的新区块。该演示网站会自动为这两个新区块生成有效的哈希值，并将这两个新区块与之前的区块依次连接起来。添加新区块入链的页面显示结果如图 1-3 所示。

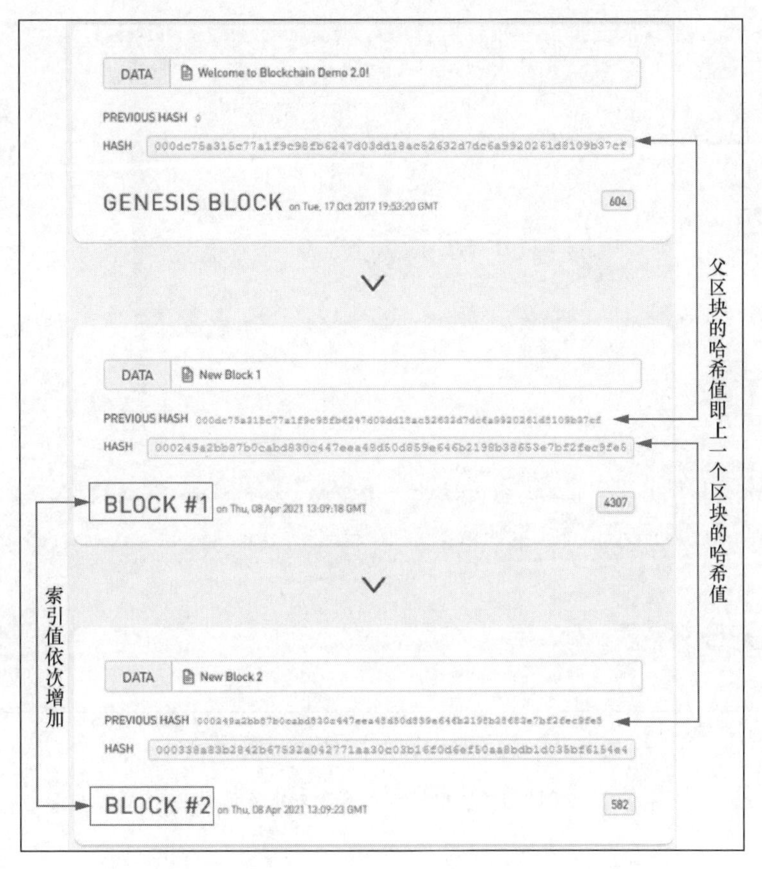

图 1-3　添加新区块入链

（3）篡改区块信息使其无效。由于当前区块的哈希值由区块的数据、父区块哈希值、区块索引、时间戳、随机数等一起生成，其中任何一个数据的改动皆会导致区块哈希值的变化，而该哈希值的变化又会导致区块无效，即当前区块哈希值可能不再以“000”作为开头。例如，将“BLOCK #1”区块的“DATA”内容修改为“Block Changed”，则对应的哈希值随之发生改变，区块哈希值的颜色也从绿色（代表有效）变成红色（代表无效），如图 1-4（a）所示。

由于后续区块用到了前序区块的哈希值，因此一个无效区块将导致后续所有区块无效，从而产生断链。该演示网站提供了区块修复功能。若要修复无效的区块，单击每个区块右下角的修复按钮，对每个区块再重新计算一遍哈希值即可，演示结果如图 1-4（b）所示。修复后的区块哈希值又会重新变成绿色，即恢复至有效状态。

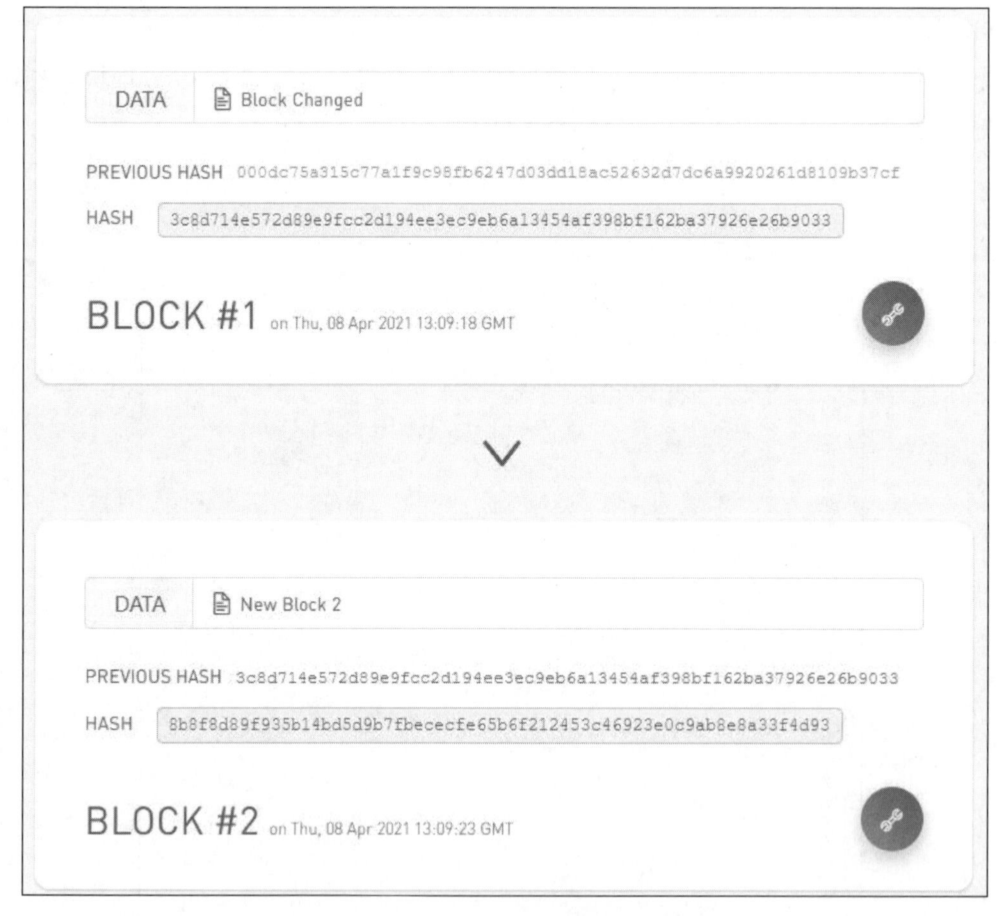

（a）数据篡改导致区块无效

图 1-4　区块链数据篡改与修复示例

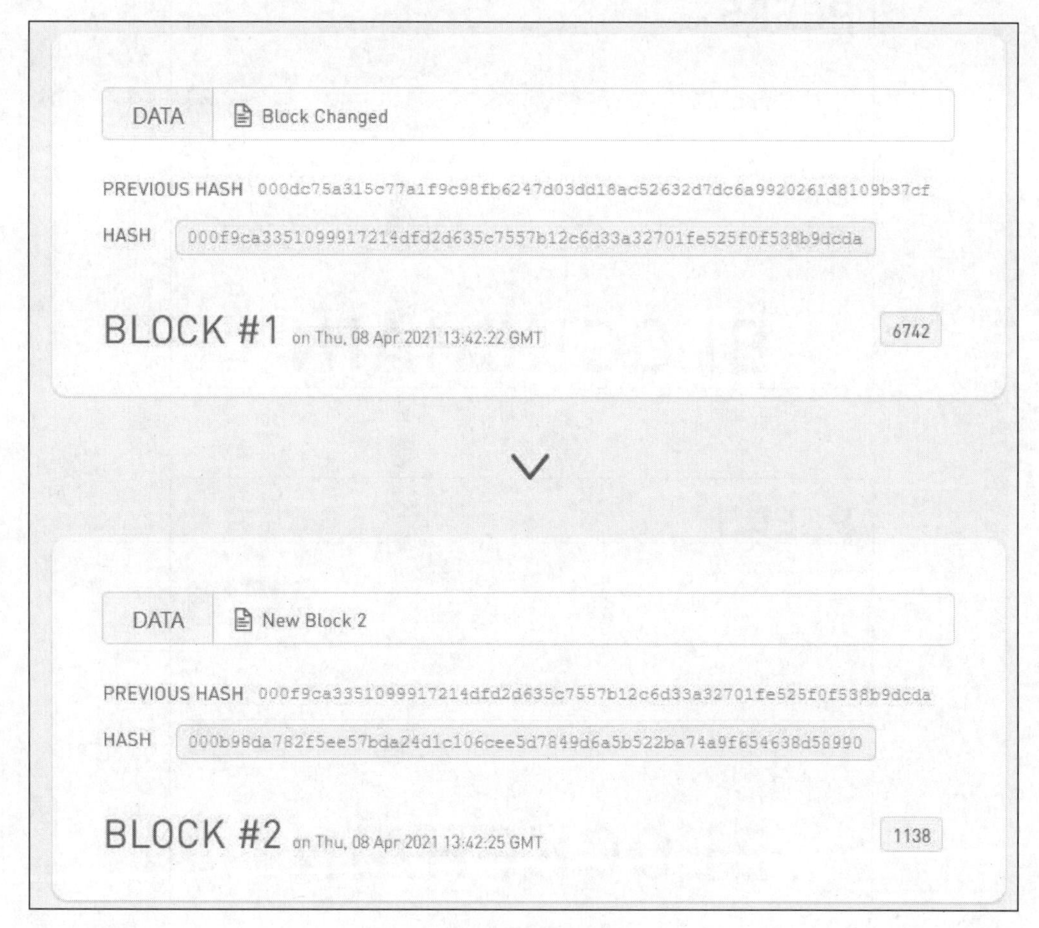

（b）修复无效区块

图 1-4　区块链数据篡改与修复示例（续）

（4）新增 P2P 网络节点。单击操作页面右上角的“Add Peer”按钮即可新增一个节点（节点名称自动生成），此时该模拟区块链中将存在两个节点，分别为“Satoshi”与“Jane”，如图 1-5（a）所示。若要切换节点，只需单击相应节点即可。节点有 3 种显示颜色，其中蓝色表示当前节点，绿色表示节点和当前节点相连，红色表示节点未和当前节点相连。红色节点下面有一个按钮用来进行连接，鼠标指针悬浮于该按钮上，则该按钮将显示为绿色，单击该按钮即可进行节点连接。

（5）节点连接。单击节点“Jane”下的连接按钮进行连接后，可看到该节点颜色变成绿色，表示已经连接，并且节点下面多了一个按钮，即消息列表按钮，节点右上角的数字表示消息的个数，如图 1-5（b）所示。单击消息列表按钮，即可显示消息记录，如图 1-5（c）所示。消息列表中会显示每个连接、区块请求、区块发送等相关信息。

（a）新增节点

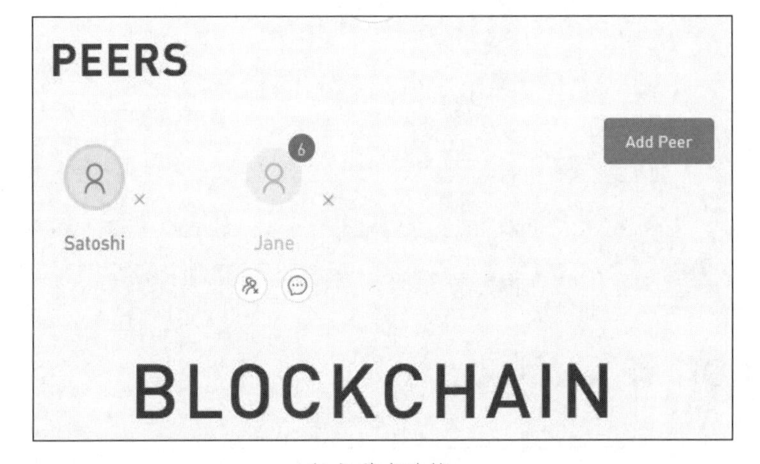

（b）节点连接

（c）消息列表

图 1-5　新增节点与节点连接演示页面

（6）区块信息同步。节点之间会互相同步区块信息。单击“Jane”节点，可以看到该节点下也包含“Satoshi”节点中的 3 个区块。

通过上述模拟生成区块链的过程，读者能够对区块链的运行原理和区块同步过程等有较为直观的认识。区块链中的节点始终都将最长的链条作为正确的链，并持续延长和维护该链。当节点发现更长的链条并且自身链条不是最新链时，就会使用最长的链条来替换自身链条。当一个节点判断出自身区块链是最新的，再接收到新的区块信息时，节点将会把新的区块添加到自身链条最后。

1.1.3 区块链的分类

区块链按照开放程度主要分为以下 3 种类型：公有链、私有链和联盟链。公有链是指任何人都可读取、都能发送交易且交易能获得有效确认、都能参与其中共识过程的区块链，典型案例为比特币和以太坊。公有链系统最为开放，任何人都可以参与区块链数据的维护和读取，容易部署应用程序，完全去中心化，不受任何机构控制。私有链一般仅在公司或者组织内使用，它更像一个分布式账本，典型案例为 MultiChain。私有链系统最为封闭，仅限于企业、国家机构或者单独个体内部使用，不能够完全解决信任问题，但是可以改善可审计性。联盟链主要针对有竞争又需要合作的场景。联盟链是指其共识过程受到预选节点控制的区块链，只有获准进入联盟的节点才可以参与其中。联盟链系统是半开放、需要注册许可才能访问的区块链，典型案例为 R3 联盟。从使用对象来看，它仅限于联盟成员参与，可以是国与国之间的联盟，也可以是不同的组织机构或者企业之间的联盟。

1.2 区块链技术基础

1.2.1 哈希算法

哈希算法也称为散列算法，是一种从任意数据内容中通过单向函数（One-Way Function）创建“数字指纹”的方法，是密码学安全性的重要基石。哈希算法将消息或数据压缩成摘要（Digest），使得数据量变小并将数据格式固定下来。在 Python 语言中生成哈希值很简单，既可通过其内置的 hash( )函数，也可通过 hashlib 模块的 MD5 算法来实现，示例代码如下。

哈希算法测试

```
>>>hash("BlockChain Technology")           #通过 Python 内置的 hash( )函数计算哈希值
3488034190720825231
>>>import hashlib                          #导入 hashlib 模块
>>>data="This book was written by Jiantao Lu"  #示例字符串
```

```
>>>m=hashlib.md5(data.encode("utf-8"))  #通过 MD5 算法产生示例字符串的摘要
>>>print(m.hexdigest())                 #输出十六进制的摘要
1a03878235b791f532d974504073fb1b
```

以下示例代码通过指定目录来生成和显示其所有子目录及文件，并计算出它们所对应的哈希值。

```
from os import listdir
from os.path import isdir, join
from hashlib import md5
import sys

indent = 0    #缩进初始值

class Node:  #定义节点类
    def add_child(self, child):
        assert isinstance(child, Node)
        is_leaf = False
        if child in self.children:
            return
        self.children.append(child)
        hashes = []
        for node in self.children:
            hashes.append(node.get_hash())
        prehash = ''.join(hashes)
        self.node_hash = md5(prehash.encode('utf-8')).hexdigest()

    def get_hash(self):                        #返回节点的哈希值
        return self.node_hash

    def generate_file_hash(self, path):        #生成文件的信息摘要
        # print('{}Generating hash for {}'.format(' ' * indent * 2, path))
        file_hash = md5()                      #文件的信息摘要

        if isdir(path):
            file_hash.update(''.encode('utf-8'))
        else:
            with open(path, 'rb') as f:
                for chunk in iter(lambda: f.read(4096), b''):
                    file_hash.update(chunk)
        return file_hash.hexdigest()

    def __str__(self):                         #定义输出格式
        if isdir(self.path):
            output = self.path  + ' (' + self.get_hash() + ')'
        else:
```

```
            output = self.path + ' (' + self.get_hash() + ')'
        child_count = 0
        for child in self.children:
            toadd = str(child)
            line_count = 0
            for line in toadd.split('\n'):
                output += '\n'
                if line_count == 0 and child_count == len(self.children) - 1:
                    output += '`-- ' + line
                elif line_count == 0 and child_count != len(self.children) - 1:
                    output += '|-- ' + line
                elif child_count != len(self.children) -1:
                    output += '|   ' + line
                else:
                    output += '    ' + line
                line_count += 1
            child_count += 1
        return output

    def __init__(self, path):        #初始化
        global indent
        self.path = path
        self.children = []
        self.node_hash = self.generate_file_hash(path)
        self.is_leaf = True

        if not isdir(path):
            # print("{}Exiting init".format(' ' * indent * 2))
            return
        for obj in sorted(listdir(path)):
            # print("{}Adding child called {}".format(' ' * indent * 2, dir))
            indent += 1
            new_child = Node(join(path, obj))
            indent -= 1
            self.add_child(new_child)

if __name__ == '__main__':             #主程序
    tree = None
    if len(sys.argv) < 2:              #若没指定目录，则默认为程序的当前目录
        tree = Node('./')
    else:
        tree = Node(sys.argv[1])       #argv[1]为指定目录
    print(tree)                        #输出带哈希值的目录树结构
```

运行代码，结果如下（因指定示例目录不一样，结果不尽相同）。

```
D:\TestDir (5a111c6eb0f1d0052b5420f75c5e4d33)
|-- D:\TestDir\dir1 (d23ca9d5fc333862cc16cfa4775bd728)
|   |-- D:\TestDir\dir1\file11.txt (27064003da39a4a8bda08730b06fc7b9)
|   |-- D:\TestDir\dir1\file12.txt (61ba29b15e22f3030c0a0ce4e36c00da)
|   `-- D:\TestDir\dir1\file13.txt (bd7b8b855864cf813a5e9ff0f79ab350)
|-- D:\TestDir\dir2 (f41fba8a445fe47182a474534b3ee47f)
|   |-- D:\TestDir\dir2\file21.txt (c8d661a948cf8dc9a70f9ca75633c34f)
|   |-- D:\TestDir\dir2\file22.txt (59ee8564e4d1a52c17557f447bb98f40)
|   |-- D:\TestDir\dir2\file23.txt (dc6d821c596f9cde0967875fa8de90fe)
|   `-- D:\TestDir\dir2\file24.txt (0c9643339784601bb3f6f43e63d1604b)
|-- D:\TestDir\file1.txt (cdd60fb7f1b59f3461895fb238c77a0a)
|-- D:\TestDir\file2.txt (e4069a89d02170a56e27daaa6ea81859)
|-- D:\TestDir\file3.txt (78e1885a370bc213414858c648e916fb)
`-- D:\TestDir\file4.txt (c97336b6e52347826f8c7b0168049909)
```

除了 MD5 算法之外，我们还经常用到安全哈希算法（Secure Hash Algorithm，SHA）来进行哈希计算，该算法包括 SHA1、SHA256 及 SHA512 等不同版本，示例代码如下。

```
import hashlib
data="testing encryption"
result=hashlib.sha1(str.encode("utf8")).hexdigest()
print(result)
81f0c4ab9b5679964eab3692a28c6daa905d6fc9
result =hashlib.sha256(str.encode("utf8")).hexdigest()
print(result)
941b7ecd47e5a3d6066847def67a662f539afe44c5bdf95d962f9dc785dd96f3
result =hashlib.sha512(str.encode("utf8")).hexdigest()
print(result)
b5cb7ba7ab0abeabc9b2a5e5d9ab28fbd80f0388d83750a7a5b0203bb881d9d7db635bb90a41f5cd
73018b874cba28e3b4806778ff747b24ab3443346afa7e7c
```

哈希算法通常具有以下几个特点。

（1）正向快速

给出明文和哈希算法，能够在有限时间和有限资源内，快速计算出任意长度明文的哈希值。简而言之，对于一个哈希函数 $y = \mathrm{Hash}(x)$，给定 x，即可很快计算出 y 的值。

（2）逆向困难

给定若干哈希值，在现有计算条件下，有限时间内几乎无法逆向推出其所对应的原始明文。也就是说，对于哈希函数 $y = \mathrm{Hash}(x)$，即使我们知道 y 的值，也很难逆向求出 x。例如，对于一个 128 位的哈希值，如果一定要逆向求解其原始明文，理论上需要选择 $2^{128}+1$ 个不同的输入明文，计算每个输入明文的哈希值，并检查它们的值是否相等。假设一台计算机每秒可以进行 10^4 次哈希计算，那么 2^{128} 次哈希计算所需的时间将是一个“天文数字”，这正说明了逆向求解原始明文的困难性。

（3）雪崩效应

如果原始输入信息有任何的改变，产生的哈希值将会有很大的不同。例如，我们判断一个软件或数据文件是否被篡改过、是否完整，可以通过与其原始哈希值对比来进行检验。以下示例代码用于演示雪崩效应。

```
>>> import hashlib #用于哈希计算
>>> text1="BlockChain Programming with Python"          #示例明文数据 1
>>> text2="BlockChain Programming with Python."         #示例明文数据 2
>>> hash1=hashlib.sha256 (text1.encode ("utf-8"))    #SHA256 算法生成 text1 的哈希值
>>> hash2=hashlib.sha256 (text2.encode ("utf-8"))    #SHA256 算法生成 text2 的哈希值
>>> print (hash1.hexdigest ())                          #输出 hash1 的十六进制信息摘要
23b73805301e05ec16cd7585e11a615d6e0be1f1e41f5c356df141bbba649f85
>>> print (hash2.hexdigest ())                          #输出 hash2 的十六进制信息摘要
7cd09db1b352340ba5866d1c7140dece92679ec5c970dab18cf07e8ff292f970
```

从上述示例代码可以看出，text2 仅比 text1 多了一个字符“.”，然而两者输出的哈希值完全不同。

（4）长度一致

任意长度内容的明文信息通过哈希计算后，输出的信息摘要的长度都是一致的。例如，比特币区块链的哈希值长度为 256 位，这意味着无论其原始内容是什么，最后都会生成一个 256 位的二进制数字。

（5）避免冲突

一般情况下，不同的明文通过哈希计算后不会得到相同的哈希值。所谓冲突（Collision），指的是不同的明文通过哈希计算后得到相同的哈希值。理想状态下的哈希算法应该是不存在这种冲突的，但由于理论和技术水平的局限，目前大多数哈希算法在理论上是可能出现这种冲突的，虽然出现的概率极低。不同算法对于冲突的抵抗性强弱也不尽相同。

1.2.2 AES 算法

高级加密标准（Advanced Encryption Standard，AES）算法用于替代原先的数据加密标准（Data Encryption Standard，DES）算法。AES 算法是常见的对称加密算法，例如，微信小程序的加密传输用的就是 AES 算法。该算法采用对称分组密码体制，明文分组长度为 128 位，即 16 个字节；密钥长度可以为 16 个字节、24 个字节或 32 个字节，即 128 位密钥、192 位密钥或 256 位密钥。

AES 算法的加、解密流程如图 1-6 所示，其中，明文 P 是指没有经过加密的数据；密文 C 为经过加密处理后的数据；密钥 K 是用来加密明文的密码。在对称加密算法中，加密与解密的密钥是相同的。密钥由接收方与发送方协商产生，但不可以直接在网络上传输，否则会导致密钥泄露。通常的做法是通过非对称加密算法加密密钥，再通过网络传输给对方，或者直接面对面商量密钥。密钥是绝对不可以泄露的，否则会被攻击者用于还原密文、窃取机密数据。设 AES 加密函数为 E，则 C = E(K,P)，其中 P 为明文，K 为密钥，C 为密文。也就是说，把明文 P 和密钥 K 作为加密函数 E 的参数输入，则加密函数 E 会输出密文 C。设 AES 解密函数为 D，则 P = D(K,C)，其中 C 为密文，K 为密钥，P 为明文。也就是说，把密文 C 和密钥 K 作为解密函数 D 的参数输入，则解密函数 D 会输出明文 P。

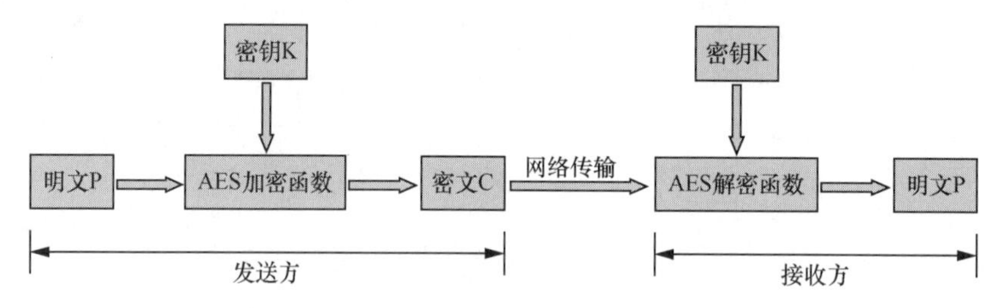

图 1-6　AES 算法的加、解密流程

在对称加密算法中，加密和解密用到的密钥是相同的，这种加密方式的加密速度非常快，适合经常发送数据的场合；缺点是密钥的传输比较麻烦。而在非对称加密算法中，加密和解密用到的密钥是不同的。通常，这种加密方式是基于数学上的难解问题构造的，加、解密的速度比较慢，适合偶尔发送数据的场合；优点是密钥传输方便。常见的非对称加密算法有 RSA、ECC 等。

以下示例代码演示了如何利用 AES 算法进行数据加、解密。在此之前，我们需要安装第三方模块 Crypto。在 Anaconda 控制台中执行以下命令即可完成在线安装（本书所用编程环境若无特别说明，皆为 Anaconda + Python 3.8）。

```
pip install -i       //pypi.tuna.tsinghua.edu.cn/simple pycryptodome
```

此外，该示例代码中，使用 AES 算法进行加密时采用 ECB 模式，读者也可自行修改代码，采用 CBC 等其他模式。

```
import base64
from Crypto.Cipher import AES
'''
采用 AES 算法。
密钥：必须是 16 个字节、24 个字节或者 32 个字节。（因为 Python 3 的字符串采用 Unicode 编码，需要使用 encode()才可以转换成字节数据。）
明文：字节数据长度为 16 的整数倍。
'''
#定义一个字符补充函数。若字节数据长度不是 16 的整数倍就进行补充
def add_to_16(value):
    while len(value) % 16 != 0:
```

```
        value += '\0'
    return str.encode(value)  # 返回字节数据

#加密方法
def encryption(text):
    # 密钥
    key = 'China19491001'
    # 待加密文本
    # 初始化加密器
    aes = AES.new(add_to_16(key), AES.MODE_ECB)
    # 优先使用AES算法进行加密
    encrypt_aes = aes.encrypt(add_to_16(text))
    # 先用base64.encodebytes将数据编码成字节码，再用str函数将字节码转化为字符串形式
    encrypted_text = str(base64.encodebytes(encrypt_aes), encoding='utf-8')
    return encrypted_text

#解密方法
def decryption(text):
    # 密钥
    key = 'China19491001'
    # 密文
    # 初始化加密器
    aes = AES.new(add_to_16(key), AES.MODE_ECB)
    #优先使用base64.decodebytes将数据编码成字节数据
    base64_decrypted = base64.decodebytes(text.encode(encoding='utf-8'))
    #执行解密并转码返回字符串
    decrypted_text = str(aes.decrypt(base64_decrypted),encoding='utf-8').replace
    ('\0','')
    return decrypted_text

if __name__ == '__main__':
    plain_message="J.Lu@2021.01.01"             #示例明文
    encrypt_text=encryption(plain_message)   #AES加密
    print("Encrypted Message:",encrypt_text)
    decrypt_text=decryption(encrypt_text)    #AES解密
    print("Decrypted Message",decrypt_text)
```

运行代码，结果如下。

```
Encrypted Message: XBj+F5A9Pw9Wd1cE3tpggA==
Decrypted Message J.Lu@2021.01.01
```

1.2.3 ECDSA

在区块链系统中，会用到各种不同的加密算法，这些算法在实现区块链的各个环节中

都有着不可替代的作用。下面将介绍的是在比特币及以太坊当中被大量使用的基于离散对数（Discrete Logarithm）这一数学难题的椭圆曲线数字签名算法（Elliptic Curve Digital Signature Algorithm，ECDSA）。

ECDSA 主要用于对数据（例如一个文件）创建数字签名，以便用户在不破坏原有数据的前提下对数据的真实性进行验证。ECDSA 有以下优点。

（1）在已知公钥的情况下，无法推导出该公钥对应的私钥。

（2）可以通过某些方法来证明某人拥有一个公钥所对应的私钥，而此过程不会暴露关于私钥的任何信息。

我们不应将 ECDSA 与用来对数据进行加密的 AES 算法相混淆。ECDSA 不会对数据进行加密或阻止别人访问加密的数据，它的作用是确保数据没有被篡改过。

下面将通过一些具体的示例代码来演示 ECDSA 的基本用法。

ECDSA 最常见的应用是对数据进行签名，它将数据以字节码的形式传入并返回其签名（也是字节码）。我们可要求 SigningKey（签名密钥）提供相应的 VerifyingKey（验证密钥）。VerifyingKey 可以通过同时传递数据信息和签名来验证签名的有效性：它要么返回 True，要么引发“BadSignatureError”错误。示例代码如下。

```
from ecdsa import SigningKey                     #导入 ecdsa 库中的签名处理模块
sk = SigningKey.generate()                       #默认使用 NIST192p 曲线来生成签名密钥
vk = sk.verifying_key                            #生成验证密钥
signature = sk.sign(b"message")
assert vk.verify(signature, b"message")
print("SigningKey:",sk.to_string().hex())
print("VerifyingKey:",vk.to_string().hex())
print("Signature:",signature.hex())
```

运行代码，结果如下。

```
SigningKey: d7fb59110d1b9e7ddb317595395012235ea22188e5e7ee5a
VerifyingKey:15dd8fa441c3cdc4f32f78888ec383af8cea7b3d9712903011a5900bb5d707f6309
822ba80827c881c9d7c8308a0081b
Signature:ab4a2b378bff48e196a41155dba0cec585636a12c744ab7f060f519530727c7c672ecb
77f98fea6e7e1a29bc43e8960b
```

每个 SigningKey 或 VerifyingKey 都与特定曲线相关联，如默认曲线 NIST192p。更长的曲线会更安全，但使用时间也会更长，并导致密钥和签名更长。例如，下列示例代码将使用 NIST384p 曲线进行数字签名。

```
from ecdsa import SigningKey, NIST384p
sk1 = SigningKey.generate(curve=NIST384p)    #使用 NIST384p 曲线来生成签名密钥
sk1_string = sk1.to_string()                 #将签名密钥转换为字符串
#使用另一种方式生成签名密钥
```

```
    sk2 = SigningKey.from_string(bytes(random_str(48),encoding='utf-8'), curve=NIST384p)
    sk2_string = sk2.to_string()
    print("sk1:",sk1_string.hex())                           #输出十六进制的第一个签名密钥
    print("sk2:",sk2_string.hex())                           #输出十六进制的第二个签名密钥
```

运行代码，结果如下。

```
    sk1:ee4e6c6ee61c53e0d25d34e187cb6ef3ecb0474eb1afba95c4931310de6a753da35e51003620
1e1358d4d59da8ac15b8
    sk2:6a31426d31654f616d77714865445955366b4d70755978364f45525077416a447a476a4b4c64
6a4b786a6b365165555a
```

上述代码中的 random_str(n)函数用于生成指定长度为 n 的随机字符串，该函数的定义代码如下。

```
    '''
    定义一个函数，用于生成指定长度的随机字符串。
    '''
    from random import Random                              #用于随机数处理
    def random_str(randomlength=8):
        str = ''
        chars = 'AaBbCcDdEeFfGgHhIiJjKkLlMmNnOoPpQqRrSsTtUuVvWwXxYyZz0123456789'#随机字符源
        length = len(chars) - 1
        random = Random()                                  #产生随机数
        for i in range(randomlength):
            str+=chars[random.randint(0, length)]          #生成随机字符串
        return str
```

SigningKey.from_string(string, curve)函数中，参数 string 的长度与参数 curve 息息相关。例如，curve=NIST384p，则 string 长度为 48；curve=NIST256p，则 string 长度为 32。

1.2.4 非对称加密技术与数字签名

非对称加密算法原理简介

有这样一种加密算法，它需要两个密钥：公开密钥（Public Key，通常简称为公钥）和私有密钥（Private Key，通常简称为私钥）。公钥与私钥成对使用，如果用公钥对数据进行加密，只有用对应的私钥方可解密。因为加密和解密使用的是两个不同的密钥，所以这种算法也被称为非对称加密算法（Asymmetric Cryptographic Algorithm）。RSA 是目前使用最广泛的非对称加密算法之一，该算法的安全性基于两个大素数之积的分解非常困难这一数学特性。RSA 算法由罗恩·李维斯特（Ron Rivest）、阿迪·沙米尔（Adi Shamir）和伦纳德·阿德尔曼（Leonard Adleman）于 1977 年共同提出，RSA 是由他们 3 人的姓氏首字母拼成的。

非对称加密算法实现机密信息交换的基本过程如下：甲方生成一对密钥并将公钥公开，需要向甲方发送信息的其他角色（乙方）使用该密钥（甲方的公钥）对机密信息进行加密

后再发送给甲方；甲方再用自己的私钥对加密后的信息进行解密。甲方想要回复乙方时正好相反，使用乙方的公钥对数据进行加密，同理，乙方使用自己的私钥进行解密。

在一个典型的数字签名应用场景中，A 要给 B 发一个文件，B 如何获知所得到的文件为 A 发出的原始版本呢？一般步骤如下：A 先通过哈希算法获取文件的信息摘要，然后用自己的私钥对其进行加密，将文件和加密串一起发给 B。B 收到文件和加密串，用 A 的公钥解密加密串，得到原始的信息摘要，用它与对文件进行摘要后的结果进行对比。如果二者一致，则表明该文件确实来自 A，并且文件内容没有被篡改过。

数字证书通常用来证明一个公钥的归属，以及数据内容的完整性、正确性。对于非对称加密算法和数字签名来说，很重要的一点就是公钥的分发。一旦公钥被人替换（如中间人攻击），则整个安全体系都将被破坏掉。如何确保一个公钥是某个人的原始公钥？这就需要数字证书机制。顾名思义，数字证书就像一个证书一样，证明信息的合法性。数字证书由证书认证机构（Certification Authority，CA）来签发，权威的 CA 包括 VeriSign 等。

以下示例代码用于演示基于非对称算法的信息加密和解密、数字签名和验证。其中，对于加密和解密而言，通过公钥进行加密，通过私钥进行解密；对于数字签名和验证而言，用私钥进行数字签名，用公钥验证签名的真实性。

```
from Crypto import Random                          #用于伪随机数处理
from Crypto.Hash import SHA                        #SHA 为安全哈希算法库，主要用于生成信息摘要
from Crypto.Cipher import PKCS1_v1_5 as Cipher_pkcs1_v1_5        #主要用于信息加密
from Crypto.Signature import PKCS1_v1_5 as Signature_pkcs1_v1_5 #用于数字签名和验证
from Crypto.PublicKey import RSA                   #RSA 为非对称加密算法库，主要用于生成密钥对象
import base64                                      #主要用于对类似字节的对象进行编码
print ("1.公私密钥对生成演示")

# 伪随机数生成器
random_generator = Random.new().read
# RSA 算法生成实例
RSA= RSA.generate(1024, random_generator)
#生成 A 的密钥对
private_pem = rsa.exportKey()

with open('A_PrivateKey.txt', 'wb') as f: # A_PrivateKey.txt 为生成的 A 的私钥文件
    f.write(private_pem)

public_pem = rsa.publickey().exportKey()
with open('A_PublicKey.txt', 'wb') as f:  # A_PublicKey.txt 为生成的 A 的公钥文件
    f.write(public_pem)

#生成 B 的密钥对
```

```
private_pem = rsa.exportKey()
with open('B_PrivateKey.txt', 'wb') as f: # B_PrivateKey.txt 为生成的 B 的私钥文件
    f.write(private_pem)

public_pem = rsa.publickey().exportKey()
with open('B_PublicKey.txt', 'wb') as f:  # B_PublicKey.txt 为生成的 B 的公钥文件
    f.write(public_pem)

print("A 与 B 的公私密钥对已生成")
print ("-----------------------")

# 加密和解密
print ("2.信息的加解密演示")
# A 使用 B 的公钥和 RSA 算法对内容进行加密

message = '该文本为要加密的数据'
print ("message: " + message)
with open('B_PublicKey.txt') as f:
    key = f.read()
    rsakey = RSA.importKey(str(key))
    cipher = Cipher_pkcs1_v1_5.new(rsakey)
    cipher_text = base64.b64encode(cipher.encrypt(bytes(message.encode("utf8"))))
    print ("加密")
    print (cipher_text)

# B 使用自己的私钥和 RSA 算法对内容进行解密

with open('B_PrivateKey.txt') as f:
    key = f.read()
    rsakey = RSA.importKey(key)
    cipher = Cipher_pkcs1_v1_5.new(rsakey)
    text = cipher.decrypt(base64.b64decode(cipher_text), random_generator)
    print( "解密")
    print ("text: " + str(text,"utf8"))
    print("message: "+message)

    assert str(text,"utf8") == message

print ("-----------------------")

# 数字签名与验证
print ("3.数字签名与验证演示")

# A 使用自己的私钥对内容进行签名
```

```
print( "签名")
with open('A_PrivateKey.txt') as f:
    key = f.read()
    rsakey = RSA.importKey(key)
    signer = Signature_pkcs1_v1_5.new(rsakey)
    digest = SHA.new()
    digest.update(message.encode("utf8"))
    sign = signer.sign(digest)
    signature = base64.b64encode(sign)

print(signature)
#B 使用 A 的公钥进行验证
print ("验证")
with open('A_PublicKey.txt') as f:
    key = f.read()
    rsakey = RSA.importKey(key)
    verifier = Signature_pkcs1_v1_5.new(rsakey)
    digest = SHA.new()
    digest.update(message.encode("utf8"))
    is_verify = verifier.verify(digest, base64.b64decode(signature))
print (is_verify)
```

运行代码，结果如下。

```
1.公私密钥对生成演示
A 与 B 的公私密钥对已生成
------------------------
2.信息的加解密演示
message: 该文本为要加密的数据
加密
b'hSy1JTY1BjWmdYhTqADMgiOiq6qhu3FAGKBJ0aDNpokbJn1oP6XgdxSMwSNZ+BX3mJLc4v+1Me32tlHsfJo9tYEL6q8btXtrx5N1UD3x71rr6rquGLWLqmBZG9E6YvEmgLx8nY4tfMt3ThLa6Lav80BKiBBjTAAE/u3SmSLYy4E='
解密
text: 该文本为要加密的数据
message: 该文本为要加密的数据
------------------------
3.数字签名与验证演示
签名
b'prPJEAj6AjZrQ5Wn4NW5FCDBys+pdiPw4yG+bPoeSXFmN5SDPKf5GSLJScKDf3falv/GfCHRqfU47il94n8YklMi/MJ+ClHXjGjgBeVOYwluAmIlskV8fqEmV/GfILs/gbh7mv4CVhAwlcZWdGv2sMkb0J1G0sjwQ488cNJP5Tc='
验证
True
```

1.2.5 默克尔树

在分布式系统、P2P 网络或区块链系统中，会经常使用一种被称为默克尔树（Merkle Tree）的数据结构。默克尔树也常被称为哈希树，它是一种二叉树，由一个根节点、一组中间节点和一组叶节点组成。最下面的叶节点包含存储数据或其哈希值，每个中间节点都包含它的两个子节点内容的哈希值，根节点也包含它的两个子节点内容的哈希值，如图 1-7 所示，其中，Merkel Root 为该默克尔树的根节点，简称默克尔根。默克尔树也可以推广到多叉树的情形。

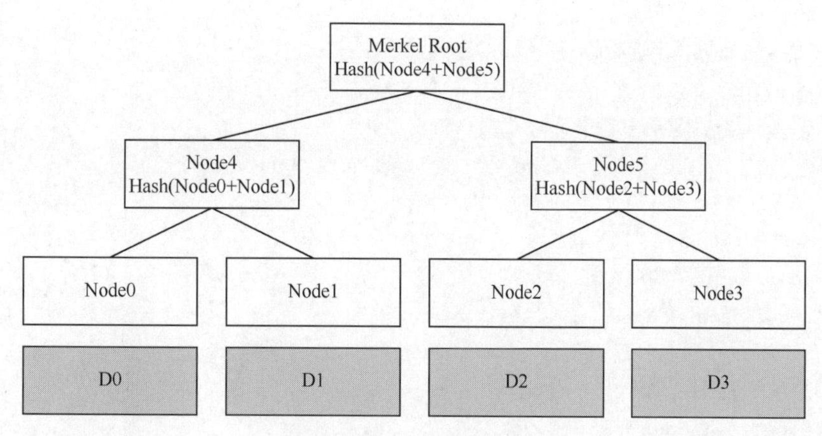

图 1-7 默克尔树结构示例

在构造默克尔树时，首先要计算数据块的哈希值，通常选用 SHA256 等哈希算法。但如果仅为了防止数据被蓄意破坏或篡改，我们可以改用一些安全性较低但效率较高的校验和算法，如 CRC。然后将计算出的数据块的哈希值两两配对（如果是奇数个数，最后一个自己与自己配对），计算上一层的哈希值，重复上述步骤，直至计算出根哈希值。

默克尔树的特点是，底层数据的任何变动，都会传递到其父节点，一直到根节点。在区块链系统中，默克尔树通常用于区块链的交易证明，比如用户需证明某笔交易在某个区块中，该用户需随时同步区块链中区块头信息，需向包含区块链全部信息的全节点发出请求，全节点给出该笔交易包含的默克尔树路径，用户根据默克尔树路径计算默克尔根，若计算结果与区块头中的信息一致，则表明此笔交易的确在该区块中。如图 1-7 所示，若需证明 D0 交易在该区块中，全节点给出 Node1、Node5 的哈希值，用户使用 Node0、Node1 计算出 Node4，使用 Node4 与 Node5 计算出 Merkel Root，若结果与区块头中的信息一致，则证明成功。

默克尔树及其应用

默克尔树的典型应用场景如下。

（1）快速比较大量数据。当两个默克尔根相同时，则意味着其下的所有数据必然相同。

（2）快速定位修改。例如上述例子中，如果 D1 中的数据被修改，会影响到 Node1、

Node4 和 Merkel Root。因此，沿着 Merkel Root→Node4→Node1，可以快速定位到发生改变的 D1。

（3）零知识证明（Zero-Knowledge Proof）。例如，如何证明某个数据（D0、D1、D2、D3）中包括给定内容 D0？很简单，构造一个默克尔树，公布 Node0、Node1、Node4、Merkel Root，D0 拥有者可以很容易检测到 D0 的存在，但不知道其他内容。

默克尔树是区块链技术中用于保障数据不被篡改的重要安全手段之一，有着非常重要的作用。以下例子演示了如何通过遍历的方式构建默克尔树，并计算和显示每个步骤的哈希值，示例代码如下。

```
import hashlib #用于哈希值计算
#默克尔树节点类的定义
class MerkleNode(object):
    def __init__(self,left=None,right=None,data=None):
        self.left = left
        self.right = right
        # data 中保存着哈希值
        self.data = data

#以递归的方式构建默克尔树
def createTree(nodes):
    list_len = len(nodes)
    if list_len == 0:
        return 0
    else:
        while list_len %2 != 0:
            nodes.extend(nodes[-1:])
            list_len = len(nodes)
        secondary = []
        #两两合并节点，并计算其哈希值
        for k in [nodes[x:x+2] for x in range(0,list_len,2)]:
            d1 = k[0].data.encode()
            d2 = k[1].data.encode()
            md5 = hashlib.md5()
            md5.update(d1+d2)
            newdata = md5.hexdigest()
            node = MerkleNode(left=k[0],right=k[1],data=newdata)
            secondary.append(node)
        if len(secondary) == 1:
            return secondary[0]
        else:
            return createTree(secondary)

#利用广度优先搜索算法对节点数据进行遍历
```

```
def BFS(root):
    print('开始广度优先搜索，构建默克尔树...')
    i=0
    queue = []
    queue.append(root)
    while(len(queue)>0):
        e = queue.pop(0)
        i+=1
        #print("Hash Value:"+str(i),e.data)
        if e.left != None:
            queue.append(e.left)
        if e.right != None:
            queue.append(e.right)
        print("Hash value:"+str(i),e.data)


if __name__ == "__main__":
    blocks = ['node1','node2','node3','node4']    #示例数据，包含 4 个节点
    nodes = []                                    #节点初始化
    print("节点哈希值：")
    for element in blocks:                        #遍历示例数据
        md5 = hashlib.md5()                       #摘要算法
        md5.update(element.encode())
        d=md5.hexdigest()                         #计算节点的哈希值
        nodes.append(MerkleNode(data=d))          #添加至默克尔树的节点中
        print(element+":",d)
    root = createTree(nodes)                      #创建默克尔树的根节点
    BFS(root) #基于广度优先搜索算法构建默克尔树并输出所有的哈希值
```

运行代码，结果如下。

```
节点哈希值：
node1: 164546f60261c7e4be0c5f5f9aaeec86
node2: 78882aaeb08e9a4c81687b5de2add74f
node3: 1315e07dc5ecfdcec39f54ec16f564b7
node4: 9e22b2ee283109ab44b3ddeb56f9ed7a
开始广度优先搜索，构建默克尔树...
Hash value:1 31a34d21364a7218758c245f19fc9815
Hash value:2 be24caab377810a6714d0b7900f7d574
Hash value:3 efcda7d1ef67a01bb80e16f5917c8d0c
Hash value:4 164546f60261c7e4be0c5f5f9aaeec86
Hash value:5 78882aaeb08e9a4c81687b5de2add74f
Hash value:6 1315e07dc5ecfdcec39f54ec16f564b7
Hash value:7 9e22b2ee283109ab44b3ddeb56f9ed7a
```

1.2.6 P2P 技术

P2P 网络具有去中心化的特质，是区块链技术的重要组成部分。与传统的客户端/服务器（Client/Server，C/S）结构不同，P2P 网络中的任意节点既可以是服务器，也可以是客户端，每个节点都是平等的，由此组成一个对等的网络。P2P 网络不适合使用 HTTP 进行节点之间的通信，通常使用 Socket。

P2P 技术的应用已经非常广泛，从流媒体到点对点通信、从文件共享到协同处理，多个领域都有它的身影。同样地，P2P 网络的协议也有很多，比较常见的有 BitTorrent、ED2K、Gnutella、Tor 等。比特币、以太币等众多数字货币都实现了属于自己的 P2P 网络协议，但是这些协议并不同于上述 P2P 网络协议。

P2P 文档共享技术是区块链采用的基础技术之一。BT 下载（基于 BitTorrent 协议）是区块链出现之前最常见的 P2P 技术应用。

共享的文档分散地存储在许多自由参与的匿名节点上，下载时分别从各个节点获取，这种技术也普遍用于现在流行的诸多视频软件。区块链的所谓“分布式”存储以及新加入的节点从其他节点下载区块链数据，利用的就是 P2P 文档共享技术。BT 下载的目标大都是电影、音乐之类内容固定不变的文件资源；而基于“分布式账本”技术的区块链，其内容是经常变化的，这是两者之间最明显的区别。此外，BT 下载需要一个 Tracker 服务器作为中介，给下载者“牵线搭桥”，若无此服务器，则下载无法完成。而区块链中的每一位成员都有一份账本，记录了所有成员的余额等信息，理论上，每一位成员的计算机皆可作为服务器，这就意味着区块链中的节点不需要其他服务器作为“中介”，这也正是区块链的重要特征之一——去中心化。

除去少数支持 UDP 的区块链项目外，绝大部分的区块链项目所使用的底层网络协议依然是 TCP/IP。所以从网络协议的角度来看，区块链其实是基于 TCP/IP 的，与 HTTP、SMTP 处于同一层，也就是应用层。以 HTTP 为代表的、与服务器交互的模式在区块链上被彻底打破，变成完全的点对点拓扑结构，这也是以太坊提出的 Web3 概念的由来。

比特币的 P2P 网络是一个非常复杂的结构，基于 TCP 构建，主网默认通信端口为 8333。以太坊的 P2P 网络则与比特币不太相同，以太坊的 P2P 网络是一个完全加密的网络，提供 UDP 和 TCP 两种连接方式，主网默认 TCP 通信端口是 30303，推荐的 UDP 发现端口为 30301。

P2P 网络拓扑结构有很多种，有些是中心化拓扑结构，有些是半中心化拓扑结构，有些是全分布式拓扑结构。比特币全节点组成的网络是一种全分布式的拓扑结构，节点与节点之间的传输方式近似于“泛洪算法”，即交易从某个节点产生，接着广播到邻近节点，邻近节点互相传播，直至广播到全网。

节点发现是区块链节点接入区块链 P2P 网络的第一步。这与你孤身一人去陌生地方旅游一样，如果没有地图和导航，那你只能找附近的人问路，“找附近的人问路”这个动作就可以理解成节点发现。

区块链的 P2P 网络结构是一种全分布式的拓扑结构。但是，如今我们的网络环境是由局域网和互联网组成的。也就是说，当一个区块链节点在局域网内运行时，在公共网络上是发现不了它的，公共网络上的节点只能被动接受连接，并不能主动发起连接。

如果局域网是可控的，只需在虚拟私有云（Virtual Private Cloud，VPC）网络中配置路由，将公网 IP 地址和端口映射到局域网中的 IP 地址与端口即可。但这个条件是非常苛刻的，因此，我们通常借助网络地址转换（Nerwork Address Translation，NAT）技术和通用即插即用（Universal Plug and Play，UPnP）协议自行建立映射。NAT 技术比较常见，大多使用的是源 NAT，简而言之，就是替换 TCP 报文中的源地址并将其映射到内网地址。UPnP 协议主要用于设备的智能互联互通，所有在网络上的设备都能在第一时间知道有新设备加入。这些设备彼此之间能互相通信，更能直接互相使用或者控制，甚至不需要人工设置。比特币和以太坊皆使用了 UPnP 协议作为局域网穿透工具，只要局域网中的路由设备支持 NAT 技术、支持 UPnP 协议，即可将区块链节点自动映射到公网上。

当节点建立连接以后，节点之间的交互就需要遵循一些特定的命令，这些命令写在消息的头部，消息体中写的是消息内容。命令分为两种，一种是请求命令，一种是数据交互命令。

节点连接完成后要做的第一件事情是完成握手操作。这一操作在比特币和以太坊上的流程差不多，都是节点间相互问候一下，提供一些简要信息。比如先交换一下版本号、看是否兼容等。只是以太坊为握手过程提供了对称加密，而比特币则没有。握手完毕之后，无论交互什么信息，通常需要保持长连接。在比特币上有 Ping/Pong 两种类型的消息，其中 Ping 用于判断网络是否连通，Pong 是对 Ping 消息的回应，这是用于保持节点之间长连接的“心跳”而设计的。而在以太坊的设计中，将 Ping/Pong 消息移到了节点发现过程中。

1.3 区块与区块链

在本章前面的内容中已经简单介绍了区块与区块链的基本概念和数据构成。我们知道，一个完整的区块链由一系列区块有序连接组成，每个区块包含索引、交易事务数据、时间戳、前一个区块的哈希值等。每个区块的哈希值都会被下一个区块引用和验证。接下来，我们将会从代码层面对区块链中涉及的部分数据结构和操作进行定义与实现。

1.3.1 区块的定义与数据结构

下面通过创建一个 BlockChain 类，来对区块数据元素进行结构化描述和定义。创建

BlockChain 类的示例代码如下。

```
class BlockChain(object): #BlockChain 类的定义
    def __init__(self):    #类的构造函数
        self.chain = []    #初始化区块列表
        self.current_transactions = [] #初始化交易事务数据列表

    def new_block(self):   #新区块定义
        #定义一个新区块并将其加入区块链。具体定义的实现参见后续内容
        pass
    def new_transaction(self):
        #将新交易事务数据添加到交易事务数据列表
        pass
    @staticmethod
    def hash(block):
        #计算区块哈希值。具体定义的实现参见后续内容
        pass
    @property
    def last_block(self):
        #返回上一个区块。具体定义的实现参见后续内容
        pass
```

BlockChain 类的构造函数创建了两个初始化的空列表，一个用于存储区块，另一个用于存储交易事务数据。该类负责链式数据管理，主要用于存储交易事务数据、添加新区块到区块链。

每个区块都包含索引、时间戳、交易事务数据、证明及前一个区块的哈希值等。一个典型区块的数据结构如下。

```
block = {
    'index': 1,                           #索引
    'timestamp': 1530344229.8999667,      #时间戳
    'transactions': [                     #交易事务数据
        {
            'sender': "8527147fe1f5426f9dd545de4b27ee00",
            'recipient': "e7a315b6276948da95f87058d14f2778",
            'amount': 1,
        }
    ],
    'proof': 324984774000,                #证明
    'previous_hash': "6bd438bf8a6b4a0d252dd7485a656ee3082a45d57e1a" #前一个区块的哈希值
}
```

区块数据在逻辑上分为区块头（Block Head）和区块体（Block Body），如图 1-8 所示。

1.3.2 区块链的定义

区块链中，每个区块头中的默克尔根是由区块体中所有交易事务的哈希值生成的。默克尔根关联区块中众多的交易事务，而每个区块之间通过区块头的哈希值（区块的 ID）串联起来。此外，该数据结构属于链式结构，其特点就是环环相扣，很难从中间进行破坏。例如，有人妄图篡改图 1-8 中区块 2 的内容，他就需要同时将区块 2 后续的所有区块全都更改掉，否则所有后续区块包含的哈希值都不正确。这样篡改的难度非常大，至少需要掌握区块链网络中 51%的计算资源。

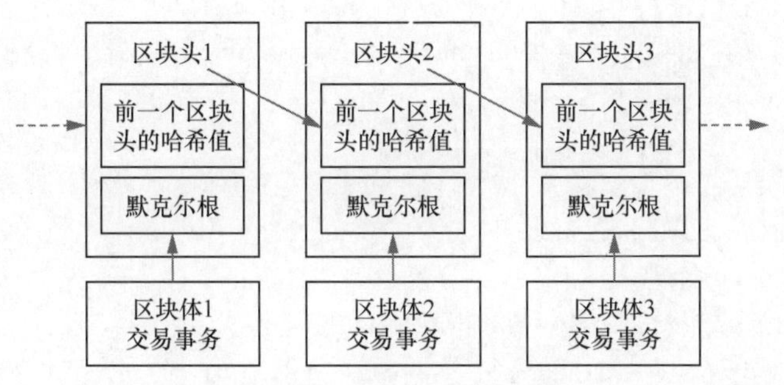

图 1-8 区块链的数据逻辑

在区块链系统中，一个节点产生或者更新的数据要发送到网络中，接受其他节点的验证，而其他节点是不会验证通过一个被篡改的数据的，因为这样的数据与自己本地区块链账本上的数据无法匹配。这是作为价值互联网基础的区块链技术的核心设计理念，也是区块链技术在许多行业大受欢迎的原因之一。

创建区块链后，可将交易事务数据添加至区块。下列示例代码中的 new_transaction()方法用于创建一笔新的交易并将其添加到下一个区块，返回交易事务数据所在区块的索引。

```
def new_transaction(self, sender, recipient, amount): #创建新的交易事务数据
    self.current_transactions.append({
        'sender': sender,                        #发送者
        'recipient': recipient,                  #接收者
        'amount': amount,                        #数量
    })
    return self.last_block['index'] + 1          #返回交易事务数据所在区块的索引
```

当 BlockChain 类被实例化后，我们需要将创世区块添加进去。此外，我们还需向区块添加一个由工作量证明（Proof of Work，PoW）算法生成的证明，PoW 算法在 1.4 节会进行具体介绍。除了在构造函数中创建创世区块之外，我们还需定义 new_block()、hash()等函数，分别用于创建新区块，以及为指定的区块生成 256 位哈希值。示例代码如下。

```
def new_block(self, proof, previous_hash=None):
    """
```

```
        创建一个新的区块到区块链。
        参数说明如下。
        Proof：由 PoW 算法生成的证明。
        previous_hash：可选项，是前一个区块的哈希值。
        返回值：新区块（字典）。
        """
        block = {
            'index': len(self.chain) + 1,
            'timestamp': time(),
            'transactions': self.current_transactions,
            'proof': proof,
            'previous_hash': previous_hash or self.hash(self.chain[-1]),
        }

        # 重置当前交易记录
        self.current_transactions = []

        self.chain.append(block) #添加区块至区块链
        return block

    #返回上一个区块
    def last_block(self):
        return self.chain[-1]

    def hash(block):
        """
        基于 SHA256 算法生成一个区块的哈希值
        参数说明如下。
        block：指定的区块（字典）
        返回值：指定区块的哈希值
        """
        #我们必须确保这个字典（区块）是经过排序的，否则将会得到不一致的哈希值
        block_string = json.dumps(block, sort_keys=True).encode()
        return hashlib.sha256(block_string).hexdigest()
```

创世区块即区块链中的第一个区块，通常情况下，它可以手动添加。为简化问题的复杂性，我们定义一个简单的函数，用于返回创世区块。该区块的索引为 0，时间戳设为当前系统时间，数据内容设为“Genesis Block”，前一个区块的哈希值设为 0，也可设为其他任意值，示例代码如下。

```
def create_genesis_block(): #定义创建创世区块的方法
    #调用 BlockChain 类的构造函数返回创世区块
    return Block(0, date.datetime.now(), "Genesis Block", "0")
```

创建第一个区块后，我们需要通过调用一个函数来生成区块链中的后续区块。该函数将链中的前一个区块作为参数，创建要生成的区块的数据，并返回具有其相应数据的新区块。新生成的区块存有先前区块中的哈希值，因而整个区块链的完整性将随着新区块的生成而提高。如果没有这样的机制，其他人很容易就能伪造历史记录，并用自己的全新数据替代现有的数据。这个基于哈希算法的不可逆性构建而成的哈希值数据链作为一种加密手段，可以确保一旦新区块被添加至区块链，它就不能被替换或删除。定义区块链后续区块的示例代码如下。

```
def next_block(last_block):                    # 定义后续区块
    this_index = last_block.index + 1          #后续区块索引在前一个区块索引的基础上递增
    this_timestamp = date.datetime.now()       #当前系统时间作为时间戳
    this_data = " Transaction Data " + str(this_index)
    #后续区块数据由当前区块数据及其索引拼接而成
    this_hash = last_block.hash                #后续区块的哈希值是基于前序区块生成的
    #调用区块类的构造函数返回后续区块
    return Block(this_index, this_timestamp, this_data, this_hash)
```

完成上述准备工作后，我们可以开始创建区块链。在以下示例中，区块链用一个简单的 Python 列表来表示，列表的第一个元素为创世区块。因为示例仅用于阐述区块链技术的基本原理，所以只添加了为数不多的几个新区块，示例代码如下。

```
#创建区块链并添加创世区块
blockchain = [create_genesis_block()]  #添加创世区块，并使它成为列表的第一个元素
previous_block = blockchain[0]

#创世区块后需要继续添加的区块个数
num_of_blocks = 4

#通过循环将区块添加进区块链
for i in range(0, num_of_blocks):
    block_to_add = next_block(previous_block)    #创建后续区块
    blockchain.append(block_to_add)              #添加后续区块至区块链
    previous_block = block_to_add                #上一个区块的内容
    #向所有区块链节点发布信息
    print("Block #{} has been added to the blockchain!".format(block_to_add.index))
    print("Block Timestamp:{}".format(block_to_add.timestamp))
    print("Block Data:{}".format(block_to_add.data))
    print("previous Hash:{}".format(block_to_add.previous_hash))
    print("Hash: {}\n".format(block_to_add.hash))
```

运行代码，结果如下所示：

```
Block #1 has been added to the blockchain!
Block Timestamp:2021-03-28 22:36:27.967679
Block Data:Transaction Data 1
Previous Hash:5b0e7816d73515404dce77f5e8176a5f77e082fc3ab2d2605a2a5e8b4c82e0a1
Hash: 497a620c5a4a1faa6c9eeef459a4aa32f081468c7730318073dcc971f0639f1b

Block #2 has been added to the blockchain!
Block Timestamp:2021-03-28 22:36:27.967679
Block Data:Transaction Data 2
Previous Hash:497a620c5a4a1faa6c9eeef459a4aa32f081468c7730318073dcc971f0639f1b
Hash: 964495be4b019f527963f87d92b1c7e0bca486f65fba3e676879900a187db4e5

Block #3 has been added to the blockchain!
Block Timestamp:2021-03-28 22:36:27.967679
Block Data:Transaction Data 3
Previous Hash:964495be4b019f527963f87d92b1c7e0bca486f65fba3e676879900a187db4e5
Hash: f9ed902fd570a6070ea9c788e6dff22c764d4445fe8b068d6dfecdbfe852ef06

Block #4 has been added to the blockchain!
Block Timestamp:2021-03-28 22:36:27.967679
Block Data:Transaction Data 4
Previous Hash:f9ed902fd570a6070ea9c788e6dff22c764d4445fe8b068d6dfecdbfe852ef06
Hash: b70c073e2a13c9824289f8f13d7332ba006b7de0afc1a61ad2bbb91e8e85296a
```

1.4 去中心化与区块链共识机制

区块链系统本质上是一个去中心化的、点对点的分布式账本数据库。去中心化是区块链诸多特性中重要的一个，其使用分布式存储与算力，使得所有网络节点的权利与义务相同，系统中的数据由全网节点共同维护，从而使区块链不用依靠中央处理节点也可以实现数据的分布式存储、记录与更新。每个区块都遵循统一的规则，该规则基于密码算法而不是信用证书，且数据在更新过程中都需用户批准，因此，区块链数据的可靠性不需要中介与信任机构背书。

1.4.1 共识算法与 PoW 算法

提到区块链，共识（Consensus）是其中值得关注的一个新概念，通常被翻译为共识机制或共识算法。所谓共识，就是指大家就某事通过某种方式达成一致的意见。在生活中也有很多需要达成共识的场景，比如开会讨论、双方或多方签订一份合作协议等。在区块链系统中，每个节点必须要做的事情就是让自己的账本跟其他节点的账本保持一致。共识机制（Consensus Mechanism）实际上是一个规则，每个节点都按照这个规则去确认各自的数据并筛选出具有代表性的节点。区块链系统就是通过某种筛选算法或共识算法来确保网络中各个节点的账本数据保持一致的。

共识算法本质上是一个解决方案。当一个分布式系统中出现不一致的情况时，如何最终裁定一个大家公认的结果来消除不一致性呢？实际上，共识算法解决的是大家如何对某个提案（Proposal）达成一致意见的问题。提案的含义在分布式系统中十分宽泛，如多个事件发生的顺序、事务交易的有效性等，任何需要达成一致的信息皆可视为一个提案。如果分布式系统中各个节点都能保证以十分强大的性能（瞬间响应、高吞吐）无故障地运行，则实现共识并不复杂，简单地通过多播过程投票即可。很可惜的是，现实中这样“完美”的系统并不存在。系统在运行过程中常常会遇到各种无法预知的意外，如响应请求发生时延、网络发生中断、节点发生故障，甚至存在恶意节点故意破坏系统等。

区块链共识算法有很多，常见的算法包括 PoW、权益证明（Proof of Stake，PoS）、股份授权证明（Delegated Proof of Stake，DPoS）和实用拜占庭容错（Practical Byzantine Fault Tolerance，PBFT）等。

比特币在区块的生成过程中使用了 PoW 算法。一个符合要求的区块哈希值一般由 N 个前导 0 构成，0 的个数取决于计算的难度。要得到合理的区块哈希值需要经过大量的尝试计算，计算时间取决于计算机的运算速度。当某个节点提供出一个合理的区块哈希值时，说明该节点确实经过了大量的尝试计算。我们并不能精确得出计算次数，因为寻找合理的区块哈希值是一个概率事件。当某个节点拥有占全网 n%的算力时，该节点即有 n%的概率找到合理的区块哈希值。在比特币的区块链中，通过大量尝试计算来寻找符合条件的区块哈希值的过程被形象地称为“挖矿”（Mining）。从本质上而言，挖矿是指多个节点通过 PoW 算法选出一致性检查节点，它通过一种“暴力机制”，不停地循环生成随机数并进行计算，通过网络预先广播的规则，让每个参与的节点自证明其是否具有成为检查节点的资格。

PoW 算法的核心思想是计算出一个符合特定条件的数字，该数字对于所有节点而言必须在计算上非常困难，但同时又必须易于验证。下面这个简单的例子可用于阐述上述算法的设计思想。

假设有两个整数 x 和 y，要求其乘积的哈希值必须以 0 结尾。当 x=13 时，求 y 的值，示例代码如下：

```
from hashlib import sha256 #载入哈希算法工具包
x = 13   #x 赋值
y = 0    #y 初始化
#循环计算哈希值并判断其是否符合条件
while sha256(f'{x*y}'.encode()).hexdigest()[-1] != "0":
    y += 1
print(f'y = {y}') #输出 y 值
print("Hash = ",sha256(f'{x*y}'.encode()).hexdigest()) #输出符合条件的哈希值
```

运行代码，结果如下。

```
y=22
Hash=00328ce57bbc14b33bd6695bc8eb32cdf2fb5f3a7d89ec14a42825e15d39df60
```

比特币的 PoW 算法与上述算法类似，只不过计算难度更大。这些高难度的计算也正是“矿工”为争夺创建新区块的权利而争相解决的。通常，计算难度与目标字符串需要满足的特定字符的数量成正比，“矿工”计算出结果后，就会获得一定数量的比特币作为奖励。为了承接前文实现的完整的区块链代码，我们将通过以下示例代码实现一个与 PoW 算法相似的算法：找到一个证明（数字），使它与前一个区块的证明拼接成的字符串的哈希值以 4 个 0 作为开头。

```
def proof_of_work(self, last_proof):                    #一个简化的 PoW 算法
    proof = 0                                           #证明初始化
    while self.valid_proof(last_proof, proof) is False:
        proof += 1
    return proof

def valid_proof(last_proof, proof):
    """
    有效性证明，即判断计算出的哈希值的前 4 位是否都是 0。
    参数说明如下。
    last_proof：前一个区块的证明。
    proof：当前区块的证明。
    返回值：如果符合条件，则返回 True，否则返回 False
    """
    guess = f'{last_proof}{proof}'.encode()             #连接两个区块的证明
    guess_hash = hashlib.sha256(guess).hexdigest()   # 使用 SHA256 算法计算哈希值
    return guess_hash[:4] == "0000"                     #是否符合哈希值前 4 位为 0 这个条件
```

增加算法复杂度的常用方法是修改有效性证明的判断条件，例如，增加本示例中作为结果哈希值的开头的 0 的个数。为节省时间，我们仅用 4 个 0 作为判断条件，在程序的实际运行中，多一个 0 都会极大地增加计算量，得到最终结果的耗时将会更长。

1.4.2 区块链分叉

通常而言，在大众认知内的区块链分叉往往指的是在原有区块链的基础上，按照不同规则分裂出另外一条区块链。分叉分为两种，即硬分叉（Hard Fork）和软分叉（soft Fork）。如果区块链发生永久性分歧，即在新共识规则发布后，部分没有升级的节点无法验证已经升级的节点生成的区块，通常就会发生硬分叉。区块链出现一个硬分叉，会改变挖矿算法的难度级别。软分叉则属于系统内的短暂现象，并不会分叉出一个新的区块链，一般是指

区块链系统升级，一部分节点哪怕没有及时升级，仍旧可以工作。比特币软分叉之后不会像硬分叉一样分裂成两条链，还是会保持为一条链。软分叉会对系统进行一些升级，但是不会影响整个系统的稳定性和有效性，旧节点会兼容新节点，只是新节点可能不兼容旧节点，二者依然可以共存于一条链上。实质意义上的分叉之所以产生，是因为项目在动态发展过程中原社区内部的理念产生了不可调和的分歧。

在传统的中心化软件体系中，由于数据存储和版本管理都是集中的，如果有重大的升级，完全可以设置为用户若不更新软件到最新版就不能进行登录操作，从而确保使用的总是正确的版本。然而因区块链先天去中心化的运行方式，新的软件版本发布后，可能不是每个人都会将软件升级到新版本，这就可能发生如下情况：在 N 号区块生成的时候，如果恰好发布了新的软件版本，且新的版本增加了之前版本不能识别的数据结构，此时部分用户完成了升级，而部分用户还没有升级，这些新旧版本的软件仍然在各自不停地挖矿、验证、打包区块，从而导致新链的形成。

区块链背后的社区作为去中心化组织，主张非暴力自由人的自由联合，这意味着在向未知的将来迈进的过程中，当遇到的新问题超出既定规则时，自由人一旦产生分歧将很难达成一致，这是由区块链“基因”里面固有的去中心化属性决定的。最典型的硬分叉源于“The DAO”被攻击事件。DAO 的全称是 Decentralized Autonomous Organization，即“去中心化的自治组织”，而 The DAO 是其中最大的一个，被誉为“DAO 之母”。The DAO 共筹集到 1 170 万以太币（当时价值约为 2.45 亿美元），并创造了众筹历史之最。2016 年，The DAO 被黑客攻击，损失了价值数千万美元的以太币，随后以太坊团队通过硬分叉的方式（变相回滚）“追回”了被黑客盗取的资产。一部分社区成员认为此举违反了区块链的不可篡改性及智能合约的契约精神，哪怕 The DAO 的钱被偷走了，但是只要数据被写在了区块上，就不可篡改，因此他们仍旧坚持维护老版本的旧链，自此分裂出以太坊和以太经典两个独立的区块链项目，对应不同的价值观和理念。

区块链技术正处于快速发展阶段，对于区块链来说，分叉就相当于一个技术迭代的过程，随着人们不断发现区块链技术现有的限制，不断升级和扩展这项技术，才能让区块链技术走向成熟。虽然这种分叉跟区块链不可篡改的特性正在背道而驰，但没有天生完美的技术，区块链也不例外，技术的发展如果在发生错误时都不可控，这种技术就无法做到普世（Universal），人们对它的信任度也无法提升。并且分叉的结果是由社区成员投票决定的，某种程度上来说，它依旧遵守着去中心化的原则。人们对区块链分叉各执己见，但在区块链发展的历史进程里，分叉无疑让区块链变得更有故事性和可能性。

总而言之，区块链分叉所带来的影响主要表现为以下几个方面。

（1）分叉对于区块链自身进化来说不失为一种好的促进方式，可以通过分叉的形式给区块链更多可行性方案探索与验证的机会。

（2）分叉对原有投资者来说也是利好的，除了原有数字资产不变，还可以分得相当数量的分叉币，不论分叉币后续成功与否，基本没有风险。

（3）分叉过多或频繁分叉会导致社区混乱，社区成员间很难达成共识，同时也有违区块链“不可篡改”的精神。

1.5 本章小结

本章从概念和基本原理上对区块链技术做了简要的介绍，并辅以 Python 代码对区块链中涉及的诸多密码学技术和其他常用算法做了具体的描述和实现，使读者对区块链有较为直观的理解，从而为读者在后续章节中对区块链技术进行更深入的学习打下基础。

1.6 习题

1. 简述区块链的基本构成及其常用的数据结构。
2. 简述区块链的挖矿过程。
3. 用 Python 代码实现一个简单的哈希算法。
4. 用 Python 代码实现 ECDSA。
5. 简述默克尔树的基本概念及其在区块链中的作用。
6. 用 Python 语言实现一个多叉树版本的默克尔树。
7. 什么是共识算法？常用的共识算法有哪些？
8. 区块链为什么会出现分叉？

第2章 简单的区块链模拟系统

在第 1 章中，我们简单地从原理上阐述了区块链的本质特征。在本章中，我们将利用 Python 语言来逐步构建一个简单的区块链模拟系统，从技术实现的角度对区块链原理做进一步的诠释。

2.1 数据格式的定义

在区块链系统的设计过程中，很重要的一环就是输入、输出数据格式的定义。在本章的示例中，我们将采用常见的 JSON 格式。JSON 是一种轻量级的数据交换格式，它基于 ECMAScript（欧洲计算机制造商协会制定的 JavaScript 规范）的一个子集，采用完全独立于编程语言的文本格式来存储和表示数据。简洁和清晰的层次结构使得 JSON 成为理想的数据交换格式。JSON 格式的文件易于阅读和编写，同时也易于机器解析和生成，并可以有效地提升网络传输效率。例如，在以太坊区块链系统中，发送的交易（Transaction）数据格式通常如下。

```
{
  From: "0x859570be21317962B06A6ccbb3D7ECBf6Aa0Cbf9",
  To: "0x08f01605ddCd473124e6B7fCc392aae08fbc60b1",
  Value: 100,
  Data: "some extra data here."
}
```

返回的交易详细信息数据如下。

```
{
  blockHash: "0xb01692327274cac03b5c47e9d5947d4c19f40702ee87f0e195e14988fdcc6532",
  blockNumber: 1,
  from: "0x859570be21317962b06a6ccbb3d7ecbf6aa0cbf9",
  gas: 90000,
  gasPrice: 20000000000,
  hash: "0x3df71410fc827b367344adc4c16c776b81df0830559bfa082a9ae48441127550",
```

```
  input: "0x",
  nonce: 0,
  ...
  transactionIndex: 0,
  v: "0x25",
  value: 200000000000000000
}
```

用 Python 对 JSON 格式的数据进行处理通常会用到内置的 json 库，它主要提供了 dumps()、dump()、loads()、load()这 4 个方法，用于对 JSON 数据进行编码、解码。其中，dumps()和 dump()方法用于对 Python 对象进行序列化，将一个 Python 对象编码为 JSON 格式的数据。dumps()方法不需要文件描述符，其他的参数和 dump()方法一样。loads()和 load()是反序列化方法，将 JSON 格式数据解码为 Python 对象。loads()方法也不需要文件描述符，其他参数的含义和 load()方法一致。上述方法的应用示例代码如下。

```
import json
dict = {'Username':'James Lu','Age':28,'Nation':'P.R.China'}
json_dict = json.dumps(dict)          #将字典编码为 JSON 字符串
print(json_dict)
json_dict1 = json.dumps(dict,sort_keys=True,indent =4,separators=(',', ': '))
#以缩进格式进行编码
print(json_dict1)

#将 JSON 格式的数据写入"test.json"文件，若当前目录中没有该文件，则新建一个
with open("test.json", "w", encoding='utf-8') as f:
    #保存格式化数据
    f.write(json.dumps(dict, indent=4))
    json.dump(dict,f,indent=4)        #传入文件描述符，与 dumps()输出相同的结果
dict2 = '{"Username":"James Bond","Age":45,"Nation":"UK"}'   #将字符串还原为字典
data = json.loads(dict2)
print(data, type(data))

#读取前面存入的 JSON 格式数据
with open("test.json", "r", encoding='utf-8') as f:
    data1 = json.loads(f.read())    #load()的传入参数为字符串类型
    print(data1, type(data1))
    f.seek(0)                        #将文件游标移动到文件开头位置
    data2 = json.load(f)
    print(data2, type(data2))
```

运行代码，结果如下。

```
{"Username": "James Lu", "Age": 28, "Nation": "P.R.China"}
{
```

```
    "Age": 28,
    "Nation": "P.R.China",
    "Username": "James Lu"
}
{'Username': 'James Bond', 'Age': 45, 'Nation': 'UK'} <class 'dict'>
{'Username': 'James Lu', 'Age': 28, 'Nation': 'P.R.China'} <class 'dict'>
{'Username': 'James Lu', 'Age': 28, 'Nation': 'P.R.China'} <class 'dict'>
```

2.2 区块链系统结构与实现

2.2.1 区块结构的定义

区块链是由一系列区块构成的，每个区块都包含着与交易相关的诸多数据。在我们设计的这个模拟区块链系统中，区块将被定义为一个独立的类，其具体的数据结构的定义如下。

```
class Block:
    def __init__(self, index=0, transactions=None, timestamp=None, \
                 previous_hash=None, hash=None, data=None, nonce=0):
        self.index = index
        self.transactions = transactions
        self.timestamp = timestamp
        self.previous_hash = previous_hash
        self.hash = hash or self._calculate_hash() #用于生成区块哈希值。下文有函数定义
        self.data = data or ''
        self.nonce = nonce
```

其中，index 为区块的索引，transaction 为区块交易数据，timestamp 为生成该区块的时间，previous_hash 为上一个区块的哈希值，hash 为该区块本身的哈希值，data 为附加数据，nonce 为挖矿时要用到的随机数。

2.2.2 区块与数字指纹

区块链数据的不可篡改性就在于每个区块的哈希值都会被下一个区块引用和验证。我们可将区块的哈希值看作区块的数字指纹，它具有唯一性。如果某个区块的内容有任何的更改，该区块的数字指纹一定会改变。而该区块的后续区块所引用的哈希值就会出错，从而导致区块链断裂。

通常，我们用哈希算法来实现区块数字指纹的生成。以下示例代码用于计算一个区块的哈希值。它通过将区块定义中的所有字段打包成一个 JSON 格式的字符串，然后使用 SHA256 算法对该字符串进行哈希运算来返回结果。

```
from hashlib import sha256      #使用 SHA256 算法进行哈希值计算
import json                     #用于处理 JSON 字符串
class Block:
    ...
    ...
    """
    定义一个函数，用于生成区块的哈希值。
    参数说明如下。
    self：区块实例。
    """
    def _calculate_hash(self):
        #将区块定义中的所有字段打包成一个 JSON 格式的字符串
        block_string = json.dumps(self.__dict__, sort_keys=True, indent=4)
        #用 SHA256 算法返回该 JSON 字符串的哈希值
        return sha256(block_string.encode()).hexdigest()
```

2.2.3 区块链结构的定义

区块链就是一系列区块的集合，我们可以用 Python 列表来对每个区块进行存储，此外，我们用 previous_hash 来保证对前序区块的修改会导致整条区块链失效。除了第一个区块之外，每个区块都通过 previous_hash 字段链接到前一个区块。而第一个区块，也是我们熟知的创世区块，将手动生成或者使用一些特定的逻辑生成。以下 Python 示例代码用于实现 Blockchain 类。

```
class Blockchain:
    def __init__(self):
        self.create_gensis_block()
        self.chain = []

    """
    创世区块生成函数。
    用于生成创世区块并将其加入区块链中。初始化时设置区块索引值为 0，previous_hash 为 0
    """
    @staticmethod
    def create_genesis_block(self):
        genesis_block = Block(0, [], 0, "0")        #初始化创世区块
        genesis_block.hash = genesis_block._calculate_hash()    #计算本区块哈希值
        self.chain.append(genesis_block)            #将创世区块添加至区块链

    @property
    def last_block(self):                           #返回最新上链的区块
        return self.chain[-1]
```

2.2.4 PoW 算法

为了防止修改前序区块数据后重新计算后续所有区块的哈希值，提升篡改数据的难度，我们可以利用哈希函数的非对称性（哈希计算正向快速、逆向困难）来增加区块哈希值计算工作的难度和随机性。为此，我们规定只接受符合特定约束条件的区块哈希值。例如，要求区块哈希值的开始部分至少有 *n* 个 0，其中 *n* 是一个正整数。

我们可以通过改变 Block 类中的字段 nonce 的值来得到不同的区块哈希值，直到满足指定的约束条件，而此刻的 nonce 值就是我们工作量的证明。约束条件中指定的前导 0 的数量直接决定了 PoW 算法的难度：前导 0 的数量越多，则越难找到合适的 nonce。

```
class Blockchain:
    ...
    #PoW 算法的难度系数
    difficulty = 2
    """
    PoW 算法的实现函数。通过暴力计算来找到符合约束条件的哈希值。
    """
    def proof_of_work(self, block):
        block.nonce = 0
        block_hash = block._calculate_hash()
        while not computed_hash.startswith('0' * Blockchain.difficulty):
            block.nonce += 1                        #计算次数累加
            block_hash = block._calculate_hash()
        return block_hash
```

需要注意的是，我们无法通过简单的逻辑去快速找到满足约束条件的 nonce 值，因此只能进行暴力计算。建议读者不要将 difficulty 值设置得过大，否则有可能导致程序运行时间过长而达不到演示的目的。

PoW 算法原理讲解

2.2.5 发送交易

在我们设计的这个无币区块链模拟系统中，每个新区块的产生都是从发送一笔交易开始的。交易的主要参数包括发送者、接收者、要发送的数据等，示例代码如下。

```
def send_transaction(self, sender, receiver, data):
    tx_data = {                                     #交易数据
        'from': sender,                             #发送者
        'to': receiver,                             #接收者
        'data':data                                 #要发送的数据
        }
    tx_data["timestamp"] = time.time()              #交易发送的时间戳
```

```
        self.add_new_transaction(tx_data)    #将交易添加到未确认交易池，等待后续的挖矿确认

        return self.unconfirmed_transactions
```

2.2.6 挖矿

交易一开始是保存在未确认交易池中的。将未确认交易放入区块并计算 PoW 的过程，就是所谓的挖矿。一旦找出了满足指定约束条件的 nonce，就意味着挖出了一个可以上链的区块。实现挖矿函数的 Python 示例代码如下。

```
class Blockchain:
    def __init__(self):
        self.unconfirmed_transactions = [] #还未上链的交易
        self.chain = []
        self.create_genesis_block()
        ...

    #添加新交易
    def add_new_transaction(self, transaction):
        self.unconfirmed_transactions.append(transaction)

    """
    挖矿函数的定义
    通过将挂起的交易添加到区块中并通过计算 PoW 的方式将区块添加到区块链中
    """
    def mine(self):
        if not self.unconfirmed_transactions:
            return False

        last_block = self.last_block
        new_block = Block(index=last_block.index + 1,
                          transactions=self.unconfirmed_transactions,
                          timestamp=time.time(),
                          previous_hash=last_block.hash)

        proof = self.proof_of_work(new_block)      #计算 PoW
        self.add_block(new_block, proof)           #区块上链
        self.unconfirmed_transactions = []
        return new_block.index                     #返回新区块的索引值
```

2.2.7 区块上链

通常情况下，要将一个区块添加到区块链中，我们需要确保区块中的数据没有被篡改过，而且交易的顺序是正确的，同时区块中的 previous_hash 字段指向链上最新区块的哈希

值。区块上链的示例代码如下。

```
class Blockchain:
    ...

    #区块添加函数。用于将验证后的区块添加到区块链中
    def add_block(self, block, proof):
        previous_hash = self.last_block.hash
        if previous_hash != block.previous_hash:
            return False

        if not Blockchain.is_valid_proof(block, proof):
            return False

        block.hash = proof
        self.chain.append(block)
        return True

    #区块验证函数。用于验证区块哈希值是否符合约束条件
    def is_valid_proof(self, block, block_hash):
        return (block_hash.startswith('0' * Blockchain.difficulty) and
                block_hash == block._calculate_hash())
```

2.2.8 附加功能实现

通过上述的几个步骤，我们基本实现了一个简单的区块链模拟系统。现在，我们需要在此基础上添加一些功能接口来实现对区块链的访问。这些功能包括获取最新生成的区块信息、整个区块链的高度、指定索引的区块信息，以及整个区块链的详细信息等，示例代码如下。

```
class Blockchain:
   ...
    #获取最新生成的区块信息
    def last_block(self):
     if len(self.chain)>0:
         return self.chain[-1]
     else:
         return "There is no any blocks in the chain."
    #获取整个区块链的高度
    def get_height(self):
        chain_length = len(self.chain)
        return chain_length
    #获取指定索引的区块信息
    def get_block(self,index):
```

```
        block=self.chain[index]
        return block.__dict__

    #获取整个区块链的详细信息
    def get_chain(self):
        chain_data = []
        for block in self.chain:
            chain_data.append(block.__dict__)

        return json.dumps(chain_data,indent=4)
```

至此，一个简单的区块链模拟系统已经成型。我们将上述所有功能的实现代码打包为一个名为“blockchain.py”的文件，以便后续作为模块进行调用。基于区块链系统的上述技术实现，我们可通过以下示例代码来进行一些简单的测试。

```
#该程序用于测试区块链模拟系统的基本功能
from blockchain import Blockchain                        #导入我们定义的区块链模拟系统模块
import json                                              #用于数据的 JSON 格式化输出
import time

#该函数用于创建 10 个随机的账户，这些账户可用作后续的交易地址
def create_accounts():
    accounts=[]
    for i in range(10):
        seed=str(time.time())
        time.sleep(0.001)
        account=sha256(seed.encode()).hexdigest()
        accounts.append(account)
    return accounts

accounts=create_accounts()                               #随机产生 10 个账户
blockchain=Blockchain()                                  #初始化一个区块链系统实例
blockchain.create_genesis_block()                        #生成创世区块

sender=accounts[0]                                       #交易发送地址
receiver=accounts[1]                                     #交易接收地址
data="My first transaction testing data."                #要上链的数据信息
blockchain.send_transaction(sender,receiver,data)        #发送一笔交易

sender=accounts[2]
receiver=accounts[5]
data="My 2nd transaction testing data."
blockchain.send_transaction(sender,receiver,data)        #再发送一笔交易
blockchain.mine() #通过挖矿和共识来确认上述两笔交易，并同时产生两个新的区块
```

```
sender=accounts[3]
receiver=accounts[7]
data="My 3rd transaction testing data."
blockchain.send_transaction(sender,receiver,data)     #发送一笔新的交易
blockchain.mine()                                      #挖矿确认新交易

#获取整个区块链的高度
print("Height of Blockchain:",blockchain.get_height())
#获取第2个区块的信息
print("Detailed Information of The 2nd Block:\n",blockchain.get_block(2))
#获取最新产生的区块信息
print("The Last Block:\n",blockchain.last_block.__dict__)
#获取整个区块链的详细信息
chain=blockchain.get_chain()
print("Blockchain Information:\n",chain)
```

运行代码，结果如下。

```
Height of Blockchain: 3
Detailed Information of The 2nd Block:
 {'index': 2, 'transactions':\
[{'from': 'a047236ae3174824a43e944e5896bf038019e4b4a1b1c45e298cb5555397f3f4',\
'to': '7a8ca424ae182aa9f5e2299d4db9dfc31beb2422dabb7b8bb7b6209dea172f5f',\
'data': 'My 3rd transaction testing data.', 'timestamp': 1627139853.7107806}],\
'timestamp': 1627139853.7107806,\
'previous_hash': '00a751b09a0aaeca8a06f456c4428dc4067c7251d97d9f3e5ab3d7be73edaf14',\
'nonce': 300, 'hash': '005d61bc26558fca27fafe491f26717fd1e6f69ea5bc383b2b7b50e179
b11cff'}
The Last Block:
 {'index': 2,\
'transactions': [\
{'from': 'a047236ae3174824a43e944e5896bf038019e4b4a1b1c45e298cb5555397f3f4',\
'to': '7a8ca424ae182aa9f5e2299d4db9dfc31beb2422dabb7b8bb7b6209dea172f5f',\
'data': 'My 3rd transaction testing data.', 'timestamp': 1627139853.7107806}],\
'timestamp': 1627139853.7107806,\
'previous_hash': '00a751b09a0aaeca8a06f456c4428dc4067c7251d97d9f3e5ab3d7be73edaf14',\
'nonce': 300, 'hash': '005d61bc26558fca27fafe491f26717fd1e6f69ea5bc383b2b7b50e179
b11cff'}
Blockchain Information:
 [
    {
        "index": 0,
        "transactions": [],
        "timestamp": 0,
        "previous_hash": "0",
```

```
        "nonce": 0,
        "hash": "046243a4c0520dd2c046b7cc9a11ee4de95a421f878120703f2283d85e974bb0"
    },
    {
        "index": 1,
        "transactions": [
            {
                "from": "b47a4682c03db1f3eb951b28a79ad729a1079b17b6baa1ab768c86b551
712b08",
                "to": "69199082ae46a777cd1f619d4d72b9d03698a61dee0ee8788f8202bf607f
6d80",
                "data": "My first transaction testing data.",
                "timestamp": 1627139853.7087436
            },
            {
                "from": "61f74787e4f78a49960fd0b9ab86984533f5600ca3999f9cdfef468cb6
f2f93a",
                "to": "15b2f6c58e2ae10e5ac2d4a99c5cb2d2b9b121e4af817e48532d14691b89
3c0b",
                "data": "My 2nd transaction testing data.",
                "timestamp": 1627139853.7087436
            }
        ],
        "timestamp": 1627139853.7087436,
        "previous_hash": "046243a4c0520dd2c046b7cc9a11ee4de95a421f878120703f2283d
85e974bb0",
        "nonce": 145,
        "hash": "00a751b09a0aaeca8a06f456c4428dc4067c7251d97d9f3e5ab3d7be73edaf14"
    },
    {
        "index": 2,
        "transactions": [
            {
                "from": "a047236ae3174824a43e944e5896bf038019e4b4a1b1c45e298cb55553
97f3f4",
                "to": "7a8ca424ae182aa9f5e2299d4db9dfc31beb2422dabb7b8bb7b6209dea172f5f",
                "data": "My 3rd transaction testing data.",
                "timestamp": 1627139853.7107806
            }
        ],
        "timestamp": 1627139853.7107806,
        "previous_hash": "00a751b09a0aaeca8a06f456c4428dc4067c7251d97d9f3e5ab3d7be
73edaf14",
        "nonce": 300,
        "hash": "005d61bc26558fca27fafe491f26717fd1e6f69ea5bc383b2b7b50e179b11cff"
    }
]
```

从上述结果可以看出，每个区块可以包含多笔交易数据。交易必须通过挖矿进行确认后方可产生一个新区块，从而实现数据上链。

2.3 区块链钱包

在区块链技术中，还有一个重要的概念就是区块链钱包（Blockchain Wallet）。钱包是通往区块链世界的入口，同时，它也是一个密钥管理工具，主要用来管理账户和交易，而不是对应某一个或多个代币。钱包密码就是“私人密钥”，只有通过该密钥才可以对钱包进行访问和操作。

区块链账户其实是一对密钥，包括一个私钥和一个公钥。私钥是一串字符串，通常是随机选出的。有了私钥，可以使用非对称加密算法产生一个公钥；反之，用公钥则无法计算出私钥。有了公钥，就可以使用一个单向加密哈希函数生成区块链地址。

在著名的比特币系统中，会先用随机数发生器生成一个私钥，私钥使用 ECDSA 产生一个公钥。在公钥的基础上进行双哈希运算生成一个地址。地址通常是用来发送和接收交易的，密钥对则用于产生数字签名和验证交易。为方便起见，我们将使用 RSA 算法代替比特币中的加密算法来实现一个简易的钱包，步骤如下。

（1）随机生成一段字符串作为私钥。

（2）私钥经过 RSA 算法生成公钥。

（3）通过公钥生成地址。

（4）用 PKCS1_v1_5 产生数字签名和验证签名。

通过上述步骤实现一个区块链钱包的示例代码如下。

```
#导入ECDSA
from ecdsa import SigningKey, SECP256k1, VerifyingKey, BadSignatureError
import binascii
import base64
from hashlib import sha256 #用于计算哈希值

class Wallet:
    """
    钱包类Wallet的定义
    """
    def __init__(self):
        """
        钱包初始化时基于ECDSA生成唯一的密钥对，代表区块链上唯一的账户
        """
        self._private_key = SigningKey.generate(curve=SECP256k1)
        self._public_key = self._private_key.get_verifying_key()
```

```
    @property
    def address(self):
        """
        通过公钥生成地址
        """
        h = sha256(self._public_key.to_pem())
        address = base64.b64encode(h.digest())
        return address

    @property
    def publicKey(self):
        """
        返回公钥字符串
        """
        return self._public_key.to_pem()

    def signature(self, message):
        """
        生成消息的数字签名
        """
        h = sha256(message.encode('utf8'))
        signature = binascii.hexlify(self._private_key.sign(h.digest()))
        return signature


def verify_signature(publicKey, message, signature):
    """
    验证签名
    """
    verifier = VerifyingKey.from_pem(publicKey)
    h = sha256(message.encode('utf8'))
    return verifier.verify(binascii.unhexlify(signature), h.digest())

if __name__=="__main__":
    wallet= Wallet() #钱包实例化
    address=wallet.address
    publicKey=wallet.publicKey
    print("钱包地址：",address)
    print("钱包公钥：",publicKey)
    msg="Testing Blockchain digital wallet."
    sig=wallet.signature(msg)
    print("示例信息签名：",sig)
    if verify_signature(publicKey,msg, sig):
        print('验证通过！')
```

```
    else:
        print('验证失败! ')
```

运行代码，结果如下。

```
钱包地址: b'cBOUNWqHYF3u3B/XgUumAN0I5inbhFnffnsseB/37Ws='
钱包公钥:b'-----BEGIN PUBLIC KEY-----\nMFYwEAYHKoZIzj0CAQYFK4EEAAoDQgAEgevEctX2olA4mV+1fpH10x4KEeu8Uq0L\n8/xYfrgpNa4F8m2w3chvfN7Rm1GeAldwDiJM/pO4PUxBGaBh9GBagQ==\n-----END PUBLIC KEY-----\n'
示例信息签名: b'a430fa579393ba8778db5935f9fc644775fe8f2a1967aac17f8f3d03c4d235c0d05df6166783743dc0a1d33e7051d37d6b407d65897cb910d6f1231aa8cca7ff'
验证通过!
```

2.4 多节点网络

在区块链技术中，P2P 网络是重要的组成部分，众多分布于全球不同位置的节点构成区块链的 P2P 网络。为了实现简单的网络和节点功能，我们将定义网络（Network）类及节点（Peer）类。其中，Network 类的具体定义如下所示，主要功能包括网络初始化、节点登录、节点注销、返回在线节点列表等。

```
class Network(object):
    def __init__(self):                 #网络初始化
        self.peers = set()              #集合对象，用于存储网络节点
        self.off_peers = []             #用于存储离线节点

    def create_genesis_block(self):     #创建创世区块
        genesis_block = Block(0, [], 0, "0")
        genesis_block.hash = genesis_block._calculate_hash()
        self.chain.append(genesis_block)
        return genesis_block

    def login(self, peer):              #节点登录
         if peer in self.peers:
              print(str(peer.peerName)+" was already logged in!")
         else:
              print("Peer "+str(peer.peerName)+"connected to the P2P network.")
              self.peers.add(peer)
              peer.online=True
              return str(self.peers)

    def logout(self,peer):              #节点注销
          if len(self.peers)<1:
               print("No Peers on the network.")
               return
```

```
        if not peer in self.peers:
            print("Peer " + str(peer.peerName) + " was NOT logged in yet!")
        else:
            self.peers.remove(peer)
            self.off_peers.append(peer)
            peer.online=False
            print("Peer "+ str(peer.peerName) + " logged out.")
        return self.off_peers

    def peer_online(self):                    #返回在线节点列表
        peer_online=[]
        for peer in network.peers:
            peer_online.append(peer.peerName)
        print("在线节点: ",peer_online)
        return peer_online

    def generate_random_peer(self,n):    #生成指定数目的随机节点
        host='127.0.0.1'
        for i in range(n):
            port=random.randint(5001,9000)
            self.add_peer(host,port)
        return self.peers
```

Peer 类的具体定义如下所示，主要功能包括节点初始化、生成节点钱包对象、节点数据同步、节点间交易发送及显示节点的区块链信息等。

```
class Peer:
    def __init__(self,name=None):            #节点初始化函数
        self.online = False
        self.peerName=name
        self.chain=[]
        self._is_wallet_generated = False
        self.generate_wallet()

    def generate_wallet(self):               #生成节点钱包对象
        if not self._is_wallet_generated:
            self.wallet = Wallet()
            self._is_wallet_generated = True

    '''
    节点区块链同步函数
    用于实现节点与网络之间区块链的数据同步
    '''
    def syn_blockchain(self,blockchain):
        if len(self.chain)<blockchain.get_height():
```

```
        chaindata=blockchain.get_chain()
        for block in chaindata:
            self.chain.append(block)
    return self.chain

def print_blockchain(self):                              #输出节点的区块链信息
    print("本节点区块链包含区块个数：%d" % len(self.chain))
    for block in self.chain:
        print("区块索引：%s" % block['index'])
        print("上一个区块的哈希值：%s" % block['previous_hash'])
        print("区块交易信息：%s" % block['transactions'])
        print("本区块的哈希值：%s" % block['hash'])
        print("==========================================\n")

'''
节点版本的交易函数。
用于在节点之间发送交易。交易需要通过后续挖矿来确认，从而产生新的区块
'''
def send_transaction(self,sender,receiver,tx_data):
    if sender.online is False:                           #若节点不在线则不可发送交易
        print("Peer NOT Logged in yet! Transaction Abort!")
    else:
        sender=sender.wallet.address.decode()        #发送节点的钱包地址作为交易地址
        receiver=receiver.wallet.address.decode() #接收节点的钱包地址作为交易地址
        blockchain.send_transaction(sender,receiver,tx_data)
        print("Transaction was sent successfully by Peer!")
```

我们通过以下示例代码来对节点和网络进行测试。

```
network=Network()                        #网络对象初始化
blockchain.create_genesis_block()        #生成创世区块

polaris=Peer("Polaris")                  #注册新节点
polaris_wallet=polaris.wallet            #新节点钱包对象
prcaurora=Peer("Prcaurora")
prcaurora_wallet=prcaurora.wallet

#通过网络版本的交易函数发送第一笔交易并挖矿确认
sender=polaris_wallet.address.decode()
receiver=prcaurora_wallet.address.decode()
data="My 1st transaction testing data."
ret=blockchain.send_transaction(sender,receiver,data)
blockchain.mine()                        #挖矿确认交易并产生一个新区块
```

```
#通过网络版本的交易函数发送第二笔交易并挖矿确认
receiver=polaris_wallet.address.decode()
sender=prcaurora_wallet.address.decode()
data="My 2nd transaction testing data."
ret=blockchain.send_transaction(sender,receiver,data)
blockchain.mine()

network.login(polaris)                          #节点 polaris 登录
network.login(prcaurora)                        #节点 prcaurora 登录
network.peer_online()                           #查询在线节点
network.logout(prcaurora)                       #节点 prcaurora 注销
network.peer_online()                           #查询在线节点

#节点 prcaurora 通过节点版本的交易函数发送一笔交易，应该会失败
#因为该节点已经注销，处于不在线状态
prcaurora.send_transaction(prcaurora,polaris,"Testing message")
#节点 polaris 通过节点版本的交易函数发送一笔交易
polaris.send_transaction(polaris,prcaurora,"Testing message")
blockchain.mine()                               #确认交易并产生新区块

res=polaris.syn_blockchain(blockchain)    #节点区块链同步
print("已同步节点 polaris 区块链信息！")
polaris.print_blockchain()                      #输出该节点的区块链信息
print("JSON 格式区块链信息：\n")
print(json.dumps(res,indent=3))                 #输出该节点 JSON 格式的区块链信息
print("未同步节点 prcaurora 区块链信息！")
prcaurora.print_blockchain()    #prcaurora 节点未进行区块链数据同步，因此将输出区块个数为 0
```

运行代码，结果如下。

```
Peer Polaris connected to the P2P network.
Peer Prcaurora connected to the P2P network.
在线节点： ['Polaris', 'Prcaurora']
Peer Prcaurora logged out.
在线节点： ['Polaris']
Peer NOT Logged in yet! Transaction Abort!
Transaction was sent successfully by Peer!
已同步节点 polaris 区块链信息！
本节点区块链包含区块个数：4
区块索引：0
上一个区块的哈希值：0
区块交易信息：[]
本区块的哈希值：046243a4c0520dd2c046b7cc9a11ee4de95a421f878120703f2283d85e974bb0
=============================================================================
```

```
区块索引：1
上一个区块的哈希值：046243a4c0520dd2c046b7cc9a11ee4de95a421f878120703f2283d85e974bb0
区块交易信息：[{'from': 'MGcNN1oSBp1Qn4xjgR05eYD78By6oTabK0KVONrrU9I=', 'to': 'lfdE5fWlpX07ODtaSfRyIW95vFgGfrJWMXW2yQGpmMM=', 'data': 'My 1st transaction testing data.', 'timestamp': 1628839829.5984156}]
本区块的哈希值：001c1e3951d5c66e2417faf71be30d230a9094fe844daa1b7359fb7457b48cab
==============================================================================

区块索引：2
上一个区块的哈希值：001c1e3951d5c66e2417faf71be30d230a9094fe844daa1b7359fb7457b48cab
区块交易信息：[{'from': 'lfdE5fWlpX07ODtaSfRyIW95vFgGfrJWMXW2yQGpmMM=', 'to': 'MGcNN1oSBp1Qn4xjgR05eYD78By6oTabK0KVONrrU9I=', 'data': 'My 2nd transaction testing data.', 'timestamp': 1628839829.599413}]
本区块的哈希值：001bd32d8770275bec0d699b6f3fa07f47ac42442f001b5d3a30f364a31c0104
==============================================================================

区块索引：3
上一个区块的哈希值：001bd32d8770275bec0d699b6f3fa07f47ac42442f001b5d3a30f364a31c0104
区块交易信息：[{'from': 'MGcNN1oSBp1Qn4xjgR05eYD78By6oTabK0KVONrrU9I=', 'to': 'lfdE5fWlpX07ODtaSfRyIW95vFgGfrJWMXW2yQGpmMM=', 'data': 'Testing message', 'timestamp': 1628839829.6059926}]
本区块的哈希值：0013484a3e8803192e749131096195e461971f26606786b7af4580b41cc1a752
==============================================================================
JSON 格式区块链信息:
 [
  {
    "index": 0,
    "transactions": [],
    "timestamp": 0,
    "previous_hash": "0",
    "nonce": 0,
    "hash": "046243a4c0520dd2c046b7cc9a11ee4de95a421f878120703f2283d85e974bb0"
  },
  {
    "index": 1,
    "transactions": [
      {
        "from": "MGcNN1oSBp1Qn4xjgR05eYD78By6oTabK0KVONrrU9I=",
        "to": "lfdE5fWlpX07ODtaSfRyIW95vFgGfrJWMXW2yQGpmMM=",
        "data": "My 1st transaction testing data.",
        "timestamp": 1628839829.5984156
      }
    ],
    "timestamp": 1628839829.5984156,
    "previous_hash": "046243a4c0520dd2c046b7cc9a11ee4de95a421f878120703f2283d85
```

```
e974bb0",
        "nonce": 48,
        "hash": "001c1e3951d5c66e2417faf71be30d230a9094fe844daa1b7359fb7457b48cab"
    },
    {
        "index": 2,
        "transactions": [
            {
                "from": "lfdE5fWlpX07ODtaSfRyIW95vFgGfrJWMXW2yQGpmMM=",
                "to": "MGcNN1oSBp1Qn4xjgR05eYD78By6oTabK0KVONrrU9I=",
                "data": "My 2nd transaction testing data.",
                "timestamp": 1628839829.599413
            }
        ],
        "timestamp": 1628839829.599413,
        "previous_hash": "001c1e3951d5c66e2417faf71be30d230a9094fe844daa1b7359fb7457b48cab",
        "nonce": 431,
        "hash": "001bd32d8770275bec0d699b6f3fa07f47ac42442f001b5d3a30f364a31c0104"
    },
    {
        "index": 3,
        "transactions": [
            {
                "from": "MGcNN1oSBp1Qn4xjgR05eYD78By6oTabK0KVONrrU9I=",
                "to": "lfdE5fWlpX07ODtaSfRyIW95vFgGfrJWMXW2yQGpmMM=",
                "data": "Testing message",
                "timestamp": 1628839829.6059926
            }
        ],
        "timestamp": 1628839829.6061387,
        "previous_hash": "001bd32d8770275bec0d699b6f3fa07f47ac42442f001b5d3a30f364a
31c0104",
        "nonce": 474,
        "hash": "0013484a3e8803192e749131096195e461971f26606786b7af4580b41cc1a752"
    }
]
未同步节点 prcaurora 区块链信息!
本节点区块链包含区块个数：0
```

2.5 区块链模拟系统的简易的 GUI 功能设计与运行

为了更直观地对区块链模拟系统的运行过程进行可视化，我们基于本章前面部分的技术讨论和代码实现来构建一个简易的 GUI 版本的区块链模拟系统，如图 2-1 所示。

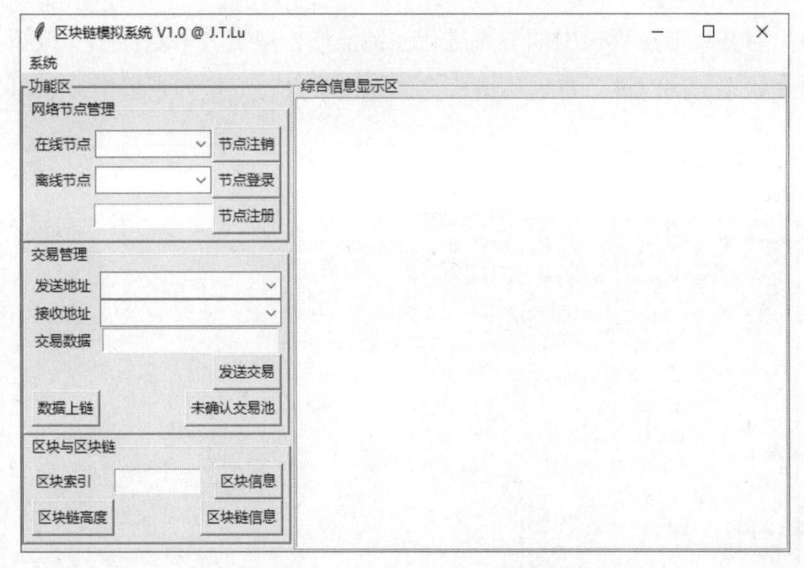

图 2-1　GUI 版本的区块链模拟系统

整个 GUI 大致分为 3 个区域，包括“系统”菜单、功能区及综合信息显示区。该 GUI 示例程序的界面设计使用 Tkinter 来实现，因其包含冗长的界面设计代码，故不在书中详细展示，读者可参阅本书附带的电子资源。

区块链模拟系统演示

“系统”菜单包含“节点初始化”与“退出系统”两个选项。单击“退出系统”选项，将退出该区块链模拟系统的运行。单击“节点初始化”选项，会随机生成几个模拟网络节点，并在综合信息显示区和控制台中显示对应的节点信息。同时，刚生成的这些节点会默认为在线状态，并且其名称会在“网络节点管理”功能区的“在线节点”下拉列表框中显示出来，如图 2-2 所示。

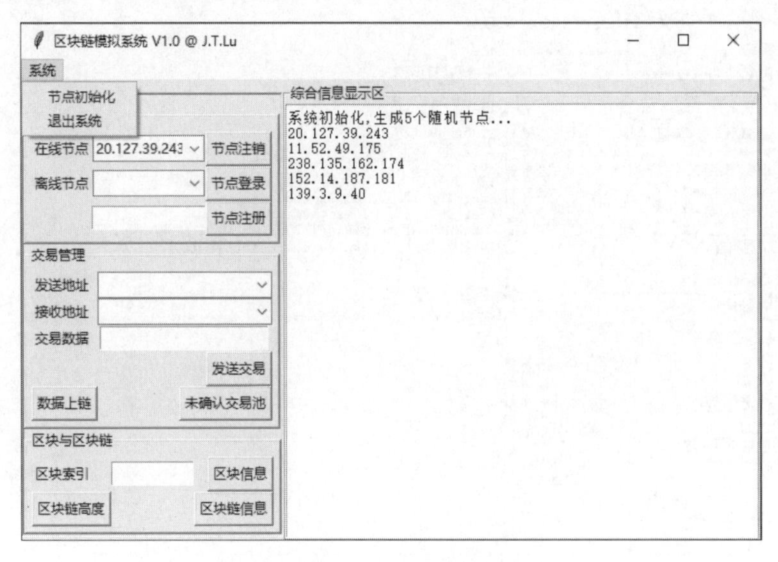

图 2-2　模拟系统生成随机网络节点

我们可以对在线节点列表中的节点进行注销操作，单击“节点注销”按钮，对应的节点会变成离线状态，同时该节点名称出现在“离线节点”下拉列表框中，如图 2-3 所示。

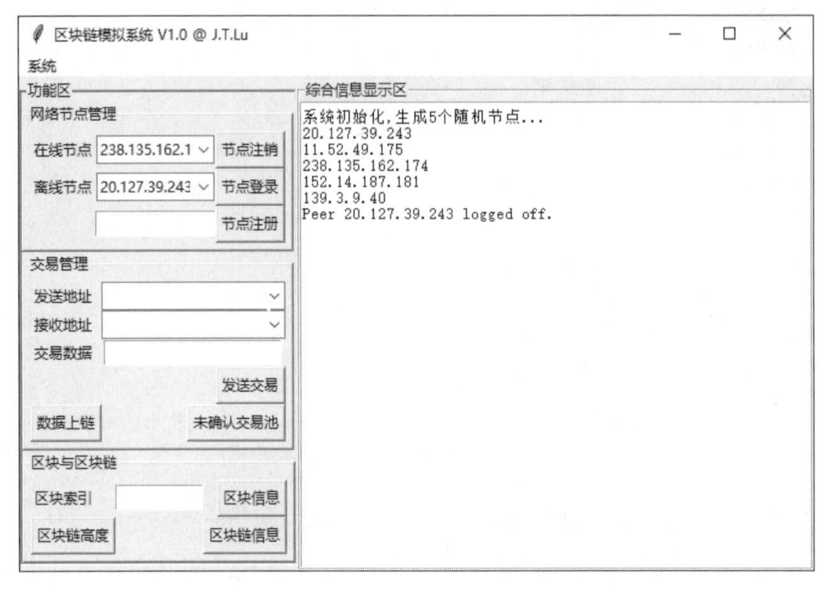

图 2-3　对在线节点进行注销操作

同样地，单击“节点登录”按钮，可以对离线状态的节点进行登录操作，使其改变为在线状态，同时该节点名称将会从“离线节点”下拉列表框中消失而出现在“在线节点”下拉列表框中。

在“节点注册”按钮左侧的文本框中输入一个节点名称，然后单击“节点注册”按钮，则会生成一个新的网络节点，同时会在综合信息显示区显示其相关的信息，如图 2-4 所示。

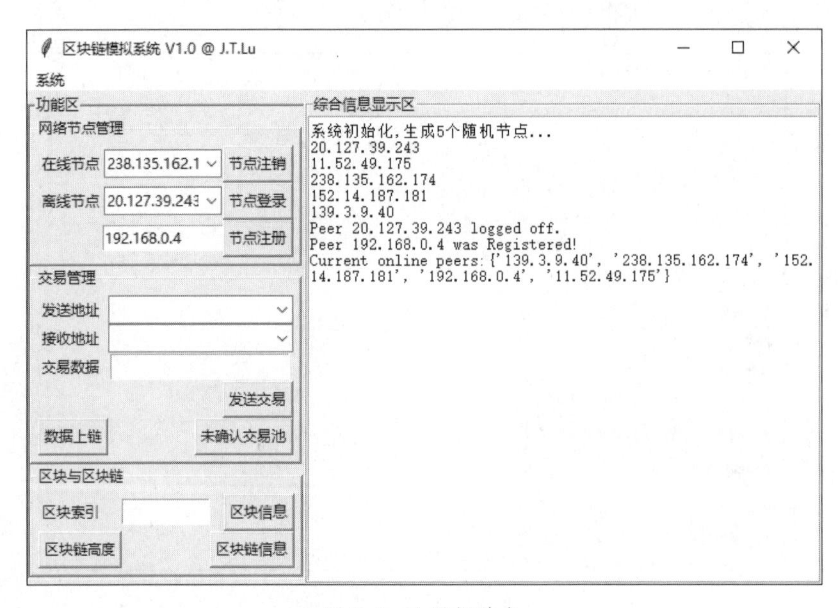

图 2-4　注册新节点

在节点生成的同时，“交易管理”功能区中的“发送地址”及“接收地址”下拉列表框中会自动生成节点对应的地址。我们可选择向其中任意一对地址发送一笔交易。交易发送后，将置于未确认交易池中。我们可以发送多笔交易，然后单击“数据上链”按钮来一次性进行挖矿确认并产生一个新区块，如图 2-5 所示。

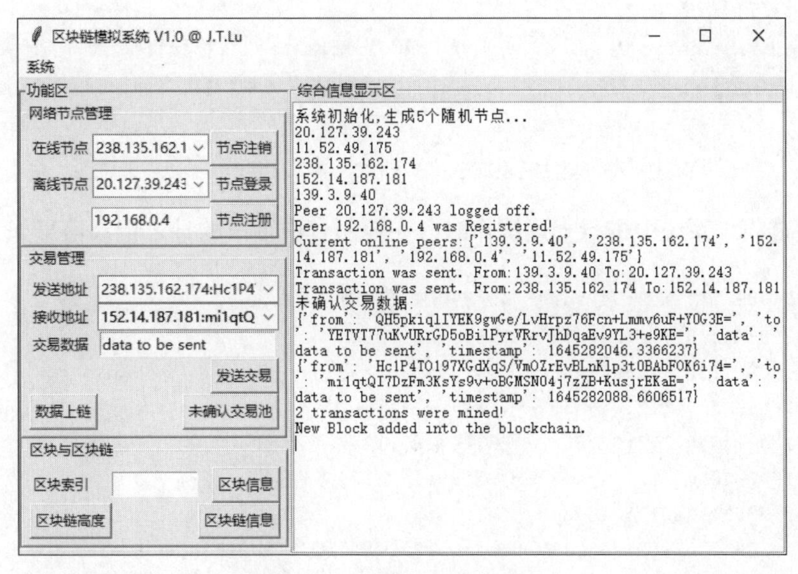

图 2-5　发送交易与交易确认

通过发送交易、数据上链等操作后，模拟系统中将产生新的区块，我们可通过单击“区块与区块链”功能区中的相关按钮来获取区块链高度、指定索引的区块信息以及整个区块链的详细信息等，如图 2-6 所示。

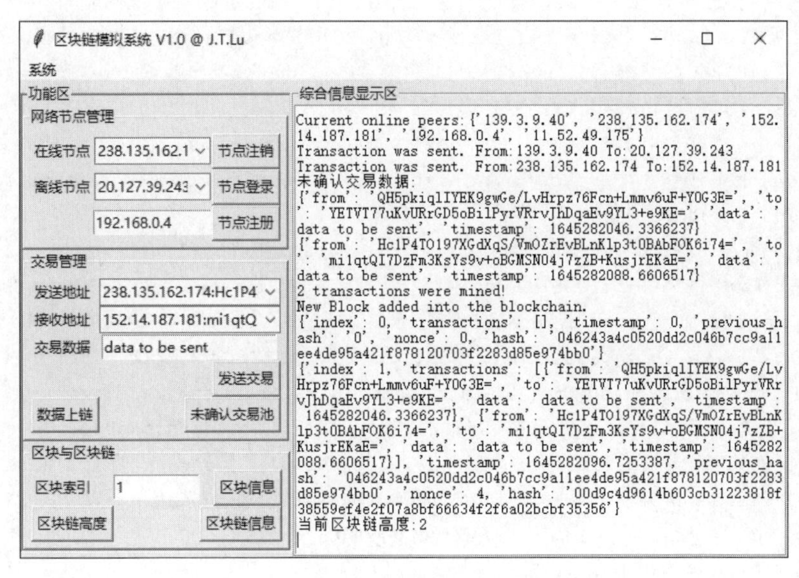

图 2-6　查询区块和区块链相关信息

除了在综合信息显示区有相关操作结果的输出之外，我们还通过引入 logging 日志处理模块来实时记录相关的信息输出，示例代码如下。

```
#导入日志处理模块
import logging
#定义输出格式
logging.basicConfig(level= logging.DEBUG, format = '%(asctime)s - %(message)s')
logger = logging.getLogger(__name__)              #日志对象

logger.info('Sample debug Information...')        #输出信息至控制台
```

在区块链模拟系统中进行上述操作时，在控制台中输出的日志记录信息如下。

```
2021-08-15 01:12:04,558 - 系统初始化,生成随机节点...
2021-08-15 01:12:04,558 - 235.4.246.25
2021-08-15 01:12:04,558 - 208.79.146.238
2021-08-15 01:12:04,558 - 71.47.97.158
2021-08-15 01:12:04,558 - 29.143.60.183
2021-08-15 01:12:04,558 - 121.89.142.177
Peer 235.4.246.25 logged off.
2021-08-15 01:29:26,939 - Peer 192.168.1.135 was Registered!
2021-08-15 01:29:26,939 - Current online peers:{'121.89.142.177', '71.47.97.158', '192.168.1.135', '29.143.60.183', '208.79.146.238'}
2021-08-15 01:41:30,382 - 2 transactions were mined!
2021-08-15 01:43:14,311 - 1 transactions were mined!
2021-08-15 01:45:17,765 - {'index': 2, 'transactions': [{'from': 'KDNMumSljY0ba3JmX8/aE9tkXafVWGTUrz++onpsrYI=', 'to': 'E02gmPmmtSz9gdQx5XMexek6KYIx5CP/ZOJsItzhI1Q=', 'data': 'second data to be sent.', 'timestamp': 1628962981.298537}], 'timestamp': 1628962994.3116148, 'previous_hash': '0072cf6f59ae0d7af1d3b4466c819ca387b8cee30f802f1ba0a4010501805dab', 'nonce': 44, 'hash': '00e5eb4f4e3889baa11eeba4a9f3d649581fd5710a87e2b8095443a5e0dff963'}
2021-08-15 01:45:23,623 - {'index': 0, 'transactions': [], 'timestamp': 0, 'previous_hash': '0', 'nonce': 0, 'hash': '046243a4c0520dd2c046b7cc9a11ee4de95a421f878120703f2283d85e974bb0'}
2021-08-15 01:45:26,348 - {'index': 1, 'transactions': [{'from': 'Zb9O34uxFn1+K43FpfRzqTzwFvFD59V875fr0Ztlbvo=', 'to': 'cOJT6G7ZlI6yIWDi/kdzDTxPjRefsSEHrLIRidcb+js=', 'data': 'Testing transaction data.', 'timestamp': 1628962580.9440587}, {'from': 'uV/yh7GLImbC6GZIcUBQYv5ZJKOmyy7GwgFQqUBHpfI=', 'to': 'ntsXiK1KeOrx71is/Cg7gd8Pm7qxTTx7b1yqVlaa0FU=', 'data': 'Another Testing data.', 'timestamp': 1628962697.509223}], 'timestamp': 1628962890.3827338, 'previous_hash': '046243a4c0520dd2c046b7cc9a11ee4de95a421f878120703f2283d85e974bb0', 'nonce': 185, 'hash': '0072cf6f59ae0d7af1d3b4466c819ca387b8cee30f802f1ba0a4010501805dab'}
2021-08-15 01:45:32,014 - 当前区块链高度：3
本节点区块链包含区块个数：3
区块索引：0
```

```
上一个区块的哈希值：0
区块交易信息：[]
本区块的哈希值：046243a4c0520dd2c046b7cc9a11ee4de95a421f878120703f2283d85e974bb0
===============================================================================

区块索引：1
上一个区块的哈希值：046243a4c0520dd2c046b7cc9a11ee4de95a421f878120703f2283d85e974bb0
区块交易信息：[{'from': 'Zb9O34uxFn1+K43FpfRzqTzwFvFD59V875fr0Ztlbvo=', 'to':
'cOJT6G7ZlI6yIWDi/kdzDTxPjRefsSEHrLIRidcb+js=', 'data': 'Testing transaction data.',
'timestamp': 1628962580.9440587}, {'from': 'uV/yh7GLImbC6GZIcUBQYv5ZJKOmyy7
GwgFQqUBHpfI=', 'to': 'ntsXiK1KeOrx71is/Cg7gd8Pm7qxTTx7b1yqVlaa0FU=', 'data':
'Another Testing data.', 'timestamp': 1628962697.509223}]
本区块的哈希值：0072cf6f59ae0d7af1d3b4466c819ca387b8cee30f802f1ba0a4010501805dab
===============================================================================

区块索引：2
上一个区块的哈希值：0072cf6f59ae0d7af1d3b4466c819ca387b8cee30f802f1ba0a4010501805dab
区块交易信息：[{'from': 'KDNMumSljY0ba3JmX8/aE9tkXafVWGTUrz++onpsrYI=', 'to':
'E02gmPmmtSz9gdQx5XMexek6KYIx5CP/ZOJsItzhI1Q=', 'data': 'second data to be sent.',
'timestamp': 1628962981.298537}]
本区块的哈希值：00e5eb4f4e3889baa11eeba4a9f3d649581fd5710a87e2b8095443a5e0dff963
===============================================================================
```

这个 GUI 版本的区块链模拟系统的功能较少，读者可以在此基础上添加钱包、区块验证、节点同步等其他相关功能，让它更加完善。

2.6 本章小结

区块和区块链的结构与定义是本章讨论的重点，也是读者进一步理解和学习区块链技术的重要基础。通过发送交易和挖矿等手段实现区块数据上链也是本章讨论的重点。此外，本章还讨论了区块链钱包功能的实现，以及如何在多节点网络上实现一个简单的区块链系统。最后，本章在上述技术实现的基础上设计出了一个具有可视化界面的简易区块链模拟系统，以便读者可以更为直观地了解该区块链系统的整个运行过程和观察每个步骤中的数据细节。

2.7 习题

1. 在编程中为什么经常使用 JSON 数据格式?
2. 不使用第三方工具库，用 Python 代码实现区块的数字指纹。
3. 简述区块数据上链的过程。
4. 请阐述区块链系统使用多节点网络的意义。
5. 在本章简易 GUI 区块链模拟系统的基础上实现区块同步、节点验证等相关功能。

第3章 基于区块链模拟系统的去中心化应用

在第 2 章中，我们已经实现了一个简单的区块链模拟系统。在本章中，我们将在此基础上基于 Flask 框架构建一个多节点的区块链 Web 应用界面，并基于这个区块链模拟系统开发一个去中心化应用（Decentralized Application，DApp）。

3.1 Flask 框架的安装与测试

为了有更直观的数据可视化效果和更好的可操作性，我们可以通过 Flask 框架来实现这个区块链模拟系统的 Web 应用界面。

Flask 是一个用 Python 编写的轻量级 Web 应用框架，用户可以使用 Python 快速实现一个网站或 Web 服务。为了不影响系统中其他项目的调试运行，我们将使用 VirtualEnv 来创建一个独立的 Python 虚拟运行环境。

VirtualEnv 是一个创建 Python 虚拟运行环境的工具。在 Python 开发中，我们经常会遇到以下情况：当前项目依赖某个版本，另一个项目依赖其他版本，因此多个项目之间会产生依赖冲突。而 VirtualEnv 正好可以用来解决这个问题。VirtualEnv 通过创建 Python 虚拟运行环境，只需将项目所需的依赖都安装进去，即可实现不同项目之间互不干扰。

3.1.1 VirtualEnv 的安装

打开 Anaconda 控制台，执行 pip install virtualEnv 命令可以直接安装 VirtualEnv，或者从其官方网站下载安装文件，解压后放到指定目录即可。

创建项目文件夹 MyProject，进入 MyProject 文件夹，执行 virtualenv venv 命令，创建 Python 虚拟运行环境，该过程如图 3-1 所示。

```
(base) F:\DEV\Python\temp>mkdir MyProject

(base) F:\DEV\Python\temp>cd MyProject

(base) F:\DEV\Python\temp\MyProject>virtualenv venv
New python executable in F:\DEV\Python\temp\MyProject\venv\Scripts\python.exe
Installing setuptools, pip, wheel...done.
```

图 3-1 创建 Python 虚拟运行环境的过程

3.1.2 Flask 的安装

打开 Anaconda 控制台，执行 pip install flask 命令即可完成 Flask 的在线安装。安装完成后，执行 flask 命令，如果显示类似图 3-2（a）所示的信息，即可表明 Flask 已正确安装。

3.1.3 Flask 的测试

Flask 通过 route()装饰器把一个函数绑定到对应的统一资源定位符（Uniform Resource Locator，URL）上，语法如下。

```
@app.route('路由路径')
```

路由路径就是浏览器访问的地址，也称为请求资源路径，如下。

```
127.0.0.1:5000/index
```

其中，127.0.0.1 为服务器 IP 地址，5000 为端口，index 为资源的具体路径。创建一个 Python 测试文件 flaskdemo.py，示例代码如下：

```
from flask import Flask    #导入 Flask 框架，实现一个 Web 服务器网关接口（WSGI）应用
app = Flask(__name__)      #定义一个 Flask 实例
@app.route('/')          #使用 app.route()装饰器将 URL 和执行的视图函数保存到 app.url_map 属性
def DemoFunc():          #定义一个视图函数
    return '<H1>Hello Jiantao!</H1>'
if __name__ == '__main__':
    app.run()
```

打开 Anaconda 控制台，执行 python flaskdemo.py 命令，然后根据提示打开浏览器，在地址栏中输入 http://127.0.0.1:5000/并按 Enter 键。运行结果如图 3-2（b）所示。

```
(D:\ProgramData\Anaconda3) D:\>flask
Usage: flask [OPTIONS] COMMAND [ARGS]...

  A general utility script for Flask applications.

  Provides commands from Flask, extensions, and the application. Loads the
  application defined in the FLASK_APP environment variable, or from a
  wsgi.py file. Setting the FLASK_ENV environment variable to 'development'
  will enable debug mode.

    > set FLASK_APP=hello.py
    > set FLASK_ENV=development
    > flask run

Options:
  --version  Show the flask version
  --help     Show this message and exit.

Commands:
  routes  Show the routes for the app.
  run     Runs a development server.
  shell   Runs a shell in the app context.
```

（a）Flask 命令的执行信息

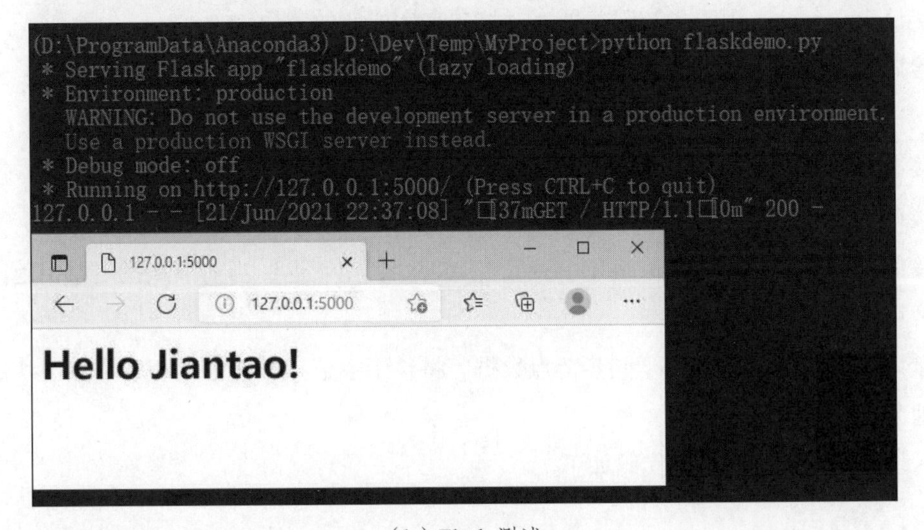

（b）Flask 测试

图 3-2　Flask 框架的安装与测试

Flask 默认监听端口为 5000，服务器 IP 地址为 127.0.0.1，也可以手动设置为其他端口和地址，代码如下。

```
app.run(host='192.168.0.1', port=9000)
```

当我们访问 http://127.0.0.1:5000/时，通过 app.url_map 找到注册的路由路径“/”这个 URL，就找到了相应的 DemoFunc()函数，执行该函数将返回相关信息，状态码为 200。如果访问一个未经定义的路由路径，例如 http://127.0.0.1:5000/test，Flask 将找不到对应的视图函数，浏览器将返回“Not Found”，状态码为 404。

Flask 框架简单测试

3.2 基于 Flask 的节点功能实现

基于第 2 章中对区块链模拟系统的定义和功能实现，我们将使用 Flask 轻量级 Web 框架来创建描述性状态迁移(Representational State Transfer, REST)应用程序接口(Application Program Interface，API)，以便实现该区块链模拟系统的诸多功能。Flask Web 服务器将扮演区块链模拟系统中的一个节点。

3.2.1 节点功能 API 的定义

创建节点之前，我们需要创建以下接口用于处理区块链的相关事务。

接口 1：/transactions/new，用于创建一笔交易并将其添加到区块。

接口 2：/transactions/pending，用于返回所有未确认的交易。

接口 3：/mine，用于告知服务器通过挖矿来生成新的区块。

接口 4：/chain，用于返回整个区块链中的所有区块信息。

接口 5：/height，用于返回当前节点的区块链高度。

接口 6：/blocks/last，用于返回当前节点最新区块的信息。

接口 7：/blocks/<int:index>，用于返回当前节点指定索引的区块信息。

接口 8：/blocks/<int:from_index>/<int:to_index>，用于返回当前节点指定索引范围中的所有区块信息。

接口 9：/chain/sync，用于同步节点数据，将长于本节点区块链的相邻节点区块链复制到本地节点。

区块链接口框架的示例代码如下。

```
from flask import Flask, request                         #导入 Flask 框架相关模块
import requests
app = Flask(__name__)

blockchain = Blockchain()                                #初始化一个区块链实例

#Flask 节点功能 API 定义
@app.route('/transaction/new', methods=['POST'])         #添加新交易
def new_transaction(): # 添加交易视图函数定义，具体逻辑代码在后续内容中实现
    return "We will add a new transaction to the blockchain.", 201

@app.route('/transaction/pending')                       #未确认交易
def get_pending_transactions():
    return json.dumps(blockchain.unconfirmed_transactions)
```

```
@app.route('/chain', methods=['GET'])                #返回整个区块链中的所有区块信息
def get_chain():
    chain_data = []
    for block in blockchain.chain:
        chain_data.append(block.__dict__)
    return json.dumps({"length": len(chain_data),
                       "chain": chain_data})

@app.route('/mine', methods=['GET'])                 #挖矿
def mine_unconfirmed_transactions():
    result = blockchain.mine()
    if not result:
        return "No transactions to mine"
    return "Block #{} is mined.".format(result)

@app.route('/height', methods=['GET'])               #返回当前节点的区块链高度
def height():
    height=blockchain.get_height()
    return str(height)

@app.route('/blocks/last',methods=['GET'])           #返回当前节点最新区块的信息
def get_last_block():
    block_data=blockchain.get_block(-1)
    return jsonify(block_data)

@app.route('/blocks/<int:index>',methods=['GET']) #返回当前节点指定索引的区块信息
def get_block(index):
    if(len(blockchain.chain)>=index):
        block = blockchain.chain[index].__dict__
        return jsonify(block)
    else:
        return jsonify({"error":"No Such Index!"})

#返回当前节点指定索引范围内的所有区块信息
@app.route('/blocks/<int:from_index>/<int:to_index>',methods=['GET'])
def get_block_from_to(from_index,to_index):
    blocks=[]
    if(len(blockchain.chain)>from_index and \
            len(blockchain.chain)>to_index and to_index>=from_index):
        for i in range(from_index,to_index+1):
            block=blockchain.chain[i].__dict__
            blocks.append(block)
        return jsonify(blocks)
    else:
```

```
        return jsonify({"error":"Block index error,please check it again."})

@app.route('/chain/sync',methods=['GET'])
def chain_sync():
    '''
    用于同步不同节点之间的数据。
    将相邻节点的最长链的数据同步到本地节点。
    例如，当前节点的相邻节点为 http://localhost:8000 （简称为 8000 节点），
    则以下命令会将该节点的区块链复制到本地节点，当然，前提是 8000 节点的区块链比本地节点的区块链更长。
    http://localhost:8001/chain/sync
    '''
    nodes=[]
    if len(peers)>0:
        nodes=list(peers)
    else:
        return "没有其他节点！"

    peer=nodes[0]

    for peer in nodes:
        url_height = str(peer)+"/height"
        url_all = str(peer)+"/chain"

        r_blocks_all = requests.get(url_all)
        blocks = r_blocks_all.json()

        r_height = requests.get(url_height)   #目标节点的区块链高度
        height = int(r_height.json())         #转换为整数
        self_index = blockchain.get_height()  #本节点的区块链高度

        #如果目标节点的区块链高度较大
        if height > self_index:
            r_blocks_all = requests.get(url_all)
            blocks = r_blocks_all.json()      #获取目标节点的所有区块
            #对对方的区块进行验证
            is_validate = blockchain.check_block_validity(blocks["chain"])
            #把对方的区块链赋值给自己
            if (is_validate):
                blockchain.chain.clear()
                for block in blocks["chain"]:
                    block=Block(index=block["index"],
                                transactions=block["transactions"],
                                timestamp=block["timestamp"],
                                previous_hash=block["previous_hash"],
```

```
                                nonce=block["nonce"],
                                hash=block["hash"]
                            )
                blockchain.chain.append(block)
            return jsonify("当前节点数据已同步! ")
        else:
            return jsonify("目标节点的区块链没有通过验证! ")
    else:
        return jsonify("节点数据没有同步")
```

除了上述功能实现之外，我们在后续的多节点场景及去中心化应用中还会有更多的节点功能 API 定义。

3.2.2 一致性算法

至此，我们用 Python 实现的区块链模拟系统已经可以运行在单个计算机节点上了。即使我们已经利用 previous_hash 将区块前后链接起来了，并采用了 PoW 算法进行约束，还是不能只信任单一的节点。我们需要实现分布式数据存储，需要用多个节点来维护区块链，增强区块链数据的可信度，为此，我们需从单一节点转向 P2P 网络。

接下来，让我们先创建一个机制来让网络上的节点彼此了解。首先，我们定义一个新的节点功能 API "/add_peer"，用于在 P2P 网络中注册一个新的节点，示例代码如下。

```
#查看当前节点的所有相邻节点
@app.route('/peers',methods=['GET'])
def get_nodes():
    return str(peers)

@app.route('/peers/add/<string:ip>/<int:port>',methods=['GET'])
def add_nodes(ip,port):
    '''
    该 API 用于为当前节点添加相邻节点。例如，/peers/add/localhost/8001。
    '''
    node = "http://" + str(ip) + ":" + str(port)
    if node not in peers:
        peers.add(node)
    return get_chain()

@app.route('/add_peer', methods=['GET', 'POST'])
def add_new_peers():
    '''
    该 API 用于在命令行中通过执行 curl 命令来添加节点，例如，将节点 localhost:8001 添加到
localhost:8000 节点。
    curl -X POST  "http://127.0.0.1:8000/add_peer"
```

```
    -H "Content-Type: application/json"  -d "{\"node_address\": \"http://127.0.0.1:
8001\"}"
    '''
    node_address = request.get_json()["node_address"]
    if not node_address:
        return "Invalid data", 400

    #将节点添加到节点列表
    peers.add(node_address)

    #返回同步的区块链
    return get_chain()

@app.route('/connect_to_peer', methods=['POST','GET'])
def connect_to_existing_peer():
    """
    cuel 命令版本的节点数据同步 API。
    curl -X POST  "http://127.0.0.1:8000/connect_to_peer" \
    -H 'Content-Type: application/json'  -d "{\"node_address\": \"http://127.0.0.1:
8001\"}"
    """

    node_address = request.get_json()['node_address']
    if not node_address:
        return "无效的节点地址数据", 400

    data = {"node_address": request.host_url}
    headers = {'Content-Type': "application/json"}


    #发起一个请求并获取返回数据
    response = requests.post(node_address + "/add_peer", \
                             data=json.dumps(data), headers=headers)

    if response.status_code == 200:
        global blockchain
        global peers
        # 更新节点区块链数据
        chain_dump = response.json()['chain']

        blockchain = create_chain_from_dump(chain_dump)
        peers.update(response.json()['peers'])
        return "远程节点连接成功! ", 200
    else:
        #若出错，则返回出错信息
        return response.content, response.status_code
```

新加入网络的节点可以利用“/connect_to_peer”节点功能API与现有的节点进行连接，这有助于解决以下几个问题。

（1）要求远程节点在其已知相邻节点中添加一个新的区块。

（2）使用远程节点的数据初始化新节点上的区块链。

（3）如果节点下线，可以重新通过网络同步区块链。

然而，当网络中存在多个节点时，有一个问题亟待解决：由于网络延迟等众多不可预知的原因，不同节点之间的区块链副本可能不一致。当一个节点与另一个节点有不同的链时，会产生冲突。在此情形下，节点之间需要就区块链的版本达成一致，以便维护整个系统的一致性。为此，我们将采用最长链原则（Longest Chain Rule）使网络中的节点达成共识。该算法认定，最长的有效链最具权威性。这一方法背后的合理性在于，最长的链包含最多的、已经投入的PoW计算。最长链共识算法的Python示例代码如下。

一致性算法与最长链原则

```
class Blockchain
  ...
    #检查整个区块链是否有效的函数
    def check_chain_validity(cls, chain):
        result = True
        previous_hash = "0"

        #遍历每个区块
        for block in chain:
            block_hash = block.hash
            #删除hash字段，以使用_calculate_hash()方法重新计算区块的哈希值
            delattr(block, "hash")

            if not cls.is_valid_proof(block, block.hash) or \
                    previous_hash != block.previous_hash:
                result = False
                break

            block.hash, previous_hash = block_hash, block_hash

        return result

def consensus():
"""
简单的共识算法。如果找到一个较长的有效链，节点现有的链将被替换。
"""
    global blockchain
    longest_chain = None
```

```
    current_len = len(blockchain.chain)

    for node in peers:
        response = requests.get('{}/chain'.format(node))
        length = response.json()['length']
        chain = response.json()['chain']
        if length > current_len and blockchain.check_chain_validity(chain):
            #发现更长的有效链
            current_len = length
            longest_chain = chain

    if longest_chain:
        blockchain = longest_chain #以更长链来取代当前节点现有的链
        return True

    return False
```

现在，我们需要提供一个方法让节点在生成一个新区块时可以将这一新区块广播给其他的节点，这样区块链网络中的每个参与者都可以更新其本地区块链，然后接着挖矿产生下一个区块。收到区块广播的节点通过验证 PoW，然后将收到的区块加入自己的本地链上。用于添加区块的节点功能 API “/add_block” 的示例代码如下。

```
#将其他人挖掘的区块添加到节点的链中。节点首先验证该区块，然后将其添加到本地链中
@app.route('/add_block', methods=['POST'])
def verify_and_add_block():
    block_data = request.get_json()
    block = Block(block_data["index"],
                  block_data["transactions"],
                  block_data["timestamp"],
                  block_data["previous_hash"])

    proof = block_data['hash']
    added = blockchain.add_block(block, proof)

    if not added:
        return "The block was discarded by the node", 400

    return "Block added to the chain", 201

    """
    新区块产生广播函数。
    一旦一个区块被开采出来，就向网络其他的所有节点进行广播。
    其他节点可以简单地进行 PoW 验证并将区块添加到各自的本地链中。
    """
def broadcast_new_block(block):
    for peer in peers:
```

```
        url = "{}add_block".format(peer)
        requests.post(url, data=json.dumps(block.__dict__, sort_keys=True))
```

broadcast_new_block()方法应当在新的区块被挖出时进行调用，这样其他节点就可以及时更新自己本地保存的区块链副本，示例代码如下。

```
@app.route('/mine', methods=['GET'])
def mine_unconfirmed_transactions():
    result = blockchain.mine()
    if not result:
        return "No transactions to mine"
    else:
        #在向网络公布之前确保当前节点有最长的链
        chain_length = len(blockchain.chain)
        consensus()
        if chain_length == len(blockchain.chain):
            #向网络公布最近开采出的新区块
            broadcast_new_block(blockchain.last_block)
        return "Block #{} is mined.".format(blockchain.last_block.index
```

3.3 基于区块链的去中心化应用

3.3.1 去中心化应用的实现

我们要实现的去中心化应用是一个简单的基于区块链的内容分享系统，其 Web 页面如图 3-3 所示。

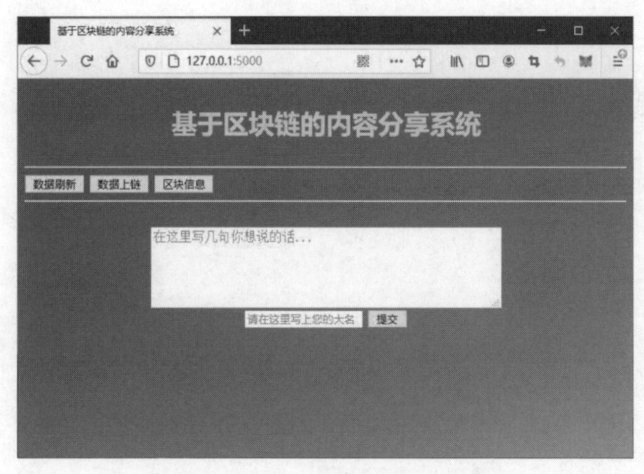

图 3-3 去中心化应用的 Web 页面

其对应的模板文件的内容如下。

```
<!-- extend base layout -->
{% extends "base.html" %}
```

```
{% block content %}
<body style="background-image: url('../static/images/back.jpg')">
    <br>
    <center>
    <form action="/submit" id="textform" method="post">
        <textarea name="content" rows="4" cols="50"
            placeholder="在这里写几句你想说的话...">
        </textarea>
    <br>
    <input type="text" name="author" placeholder="请在这里写上您的大名">
    <input type="submit" value="提交">
    </form>
    </center>
    <br>
    <div style="margin: 20px;">
    {% for post in posts %}
    <div class="post_box">
    <div class="post_box-header">
    <div style="background: rgb(0, 97, 146) none repeat scroll 0% 0%;
            box-shadow: rgb(0, 97, 146) 0px 0px 0px 2px;"
            class="post_box-avatar">{{post.author[0]}}</div>
    <div class="name-header">{{post.author}}</div>
    <div class="post_box-subtitle">
      Posted at <i>{{readable_time(post.timestamp)}}</i></div>
    </div>
       <div>
          <div class="post_box-body">
             <p>{{post.content}}</p>
          </div>
       </div>
    </div>
</body>
{% endfor %}

<style>
        .post_box {
            background: #fff;
            padding: 12px 0px 0px 12px;
            margin-top: 0px;
            margin-bottom: 8px;
            border-top: 1px solid #f0f0f0;
        }

        .post_box-header {
            padding-bottom: 12px;
        }
```

```
.post_box-avatar {
    width: 38px;
    height: 38px;
    border-radius: 50%;
    display: flex;
    justify-content: center;
    align-items: center;
    color: white;
    font-size: 22px;
    float: left;
    margin-right: 16px;
    border: 1px solid #fff;
    box-shadow: 0px 0px 0px 2px #f00;
}

.post_box-avatar::after {
    content:"";
    display:block;
}

.post_box-name {
    font-weight: bold;
}

.post_box-subtitle {
    color: #777;
}

.post_box-body {
    margin-top: 16px;
    margin-bottom: 8px;
}

.post_box-options {
    float: right;
}
.option-btn {
    background: #f8f8f8;
    border: none;
    color: #2c3e50;
    padding: 7px;
    cursor: pointer;
    font-size: 14px;
    margin-left: 2px;
    margin-right: 2px;
    outline: none;
```

```
        height: 42px;
    }
</style>
</div>
{% endblock %}
```

其中包含的 base.html 文件用于定义一些功能按钮，具体内容如下。

```
<html>
  <head>
   <title>{{ title }}</title>
  </head>
  <body>
    <center><h1><p style="color:gold">{{ title }}</p></h1></center>
    <hr style="color:white">
    <div><a href="/"><button>数据刷新</button></a>
      <a href="{{node_address}}/mine" target="_blank"><button>数据上链</button></a>
      <a href="{{node_address}}/chain"><button>区块信息</button></a>
    </div>
    <hr style="color:white">
    {% block content %}
    {% endblock %}
  </body>
</html>
```

模板文件用于页面定义，后台逻辑处理代码（视图函数）放在一个名为“view.py”的文件中，其内容如下。

```
import datetime
import json
import requests
from flask import render_template, redirect, request
from app import app

#定义一个应用程序与之交互的节点，可以有多个这样的节点
CONNECTED_NODE_ADDRESS = "http://127.0.0.1:8000"
SECRET_KEY = 'Jiantao Lu' #用于进行 session 相关处理

posts = [] #初始化内容分享列表

def fetch_posts():
    """
    从区块链节点获取和解析内容数据。
    """
    get_chain_address = "{}/chain".format(CONNECTED_NODE_ADDRESS)
    response = requests.get(get_chain_address)
```

```
    if response.status_code == 200:
        content = []
        chain = json.loads(response.content)
        for block in chain["chain"]:
            for tx in block["transactions"]:
                tx["index"] = block["index"]
                tx["hash"] = block["previous_hash"]
                content.append(tx)

        global posts
        posts = sorted(content, key=lambda k: k['timestamp'],
                       reverse=True)

@app.route('/')                                   #定义根节点功能API
def index():                                      #根节点视图函数
    fetch_posts()
    return render_template('index.html',
                           title='基于区块链的内容分享系统',
                           posts=posts,
                           node_address=CONNECTED_NODE_ADDRESS,
                           readable_time=timestamp_to_string)

@app.route('/submit', methods=['POST'])       #用于提交内容分享的节点功能API
def submit_textarea():                            #内容分享API视图函数
"""
内容分享的过程相当于提交了一笔未确认的区块链交易。
我们必须通过挖矿来产生一个新的区块，从而实现数据上链。
"""
    post_content = request.form["content"]   #获取分享内容
    author = request.form["author"]           #获取用户名称

    post_object = {
        'author': author,
        'content': post_content,
    }

    #提交一笔交易
    new_tx_address = "{}/new_transaction".format(CONNECTED_NODE_ADDRESS)

    requests.post(new_tx_address,
                  json=post_object,
                  headers={'Content-type': 'application/json'})

    return redirect('/')
def timestamp_to_string(epoch_time):              #时间戳转为字符串函数
    return datetime.datetime.fromtimestamp(epoch_time).strftime('%H:%M')
```

3.3.2 去中心化应用的部署和运行

首先，在 Anaconda 控制台中通过执行以下命令来启动区块链模拟系统的节点服务器。

```
SET FLASK_APP=blockchain_node_server.py
flask run --port 8000
```

其中，blockchain_node_server.py 文件中包含着区块链模拟系统的全部节点功能 API 定义的代码。至此，该区块链模拟系统的节点实例已经启动并在 8000 端口上进行监听。

在另外一个 Anaconda 控制台中执行以下命令来启动去中心化应用。

```
python app.py
```

app.py 文件中包含着 Flask 应用的启动命令代码，具体内容如下。

```
from app import app
app.run(debug=True)
```

其中，“from app import app”中的第二个“app”为一个文件包，包含整个项目的模板文件和视图函数的实现文件等。

程序启动后，通过地址 http://127.0.0.1:5000 即可访问这个基于区块链的内容分享去中心化应用，该应用的主要功能如下。

（1）内容分享。在图 3-4 所示的多行文本框中输入用户想要分享的内容，然后在下面的单行文本框中输入用户名称，最后单击“提交”按钮。此时，相当于在区块链上发送了一笔未经确认的交易。

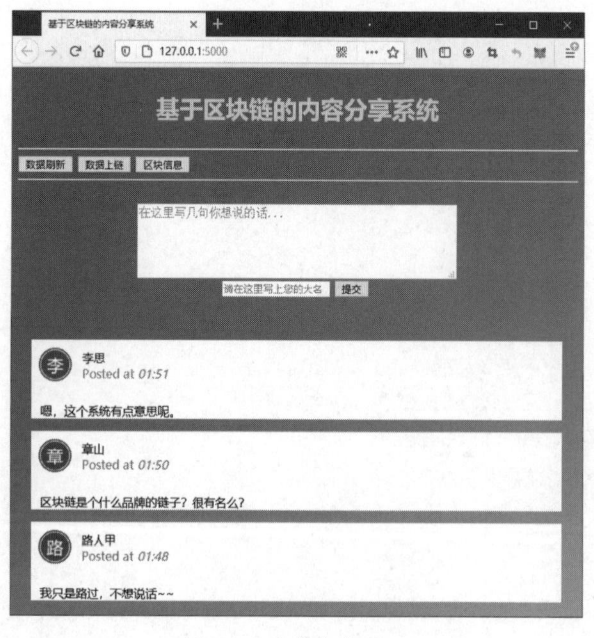

图 3-4 内容分享页面

（2）数据上链。单击页面中的“数据上链”按钮，相当于通过调用 API“/mine”进行挖矿操作，从而达成共识来产生一个新的区块，将数据添加到区块链上，会显示图 3-5（a）所示的内容。如果没有提交任何内容就单击“数据上链”按钮，则会显示图 3-5（b）所示的内容，表明没有未确认的交易需要达成共识。

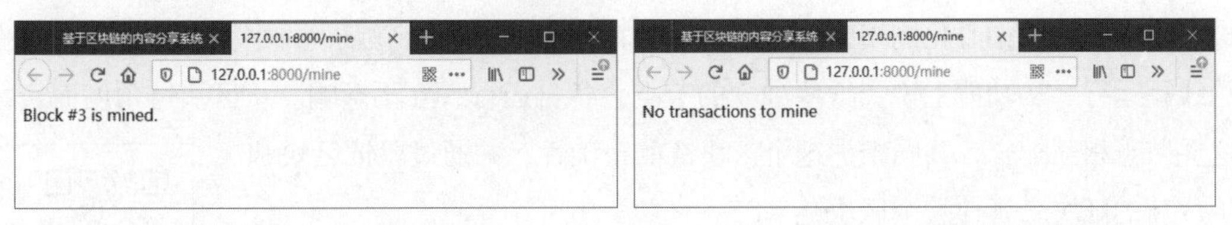

（a）产生一个新的区块　　　　（b）没有未确认的交易

图 3-5　挖矿实现数据上链页面

（3）数据刷新。进行内容分享时，不必每次提交后马上单击“数据上链”按钮，可以在提交多个不同内容后再一次性实现数据上链，这也意味着一个区块可以包含多笔交易的信息。数据上链后，需要单击“数据刷新”按钮来查看刚上链的内容。

（4）查看区块信息。单击页面上的“区块信息”按钮即可查看本节点的所有区块，也就是整条区块链的详细信息，如图 3-6 所示。

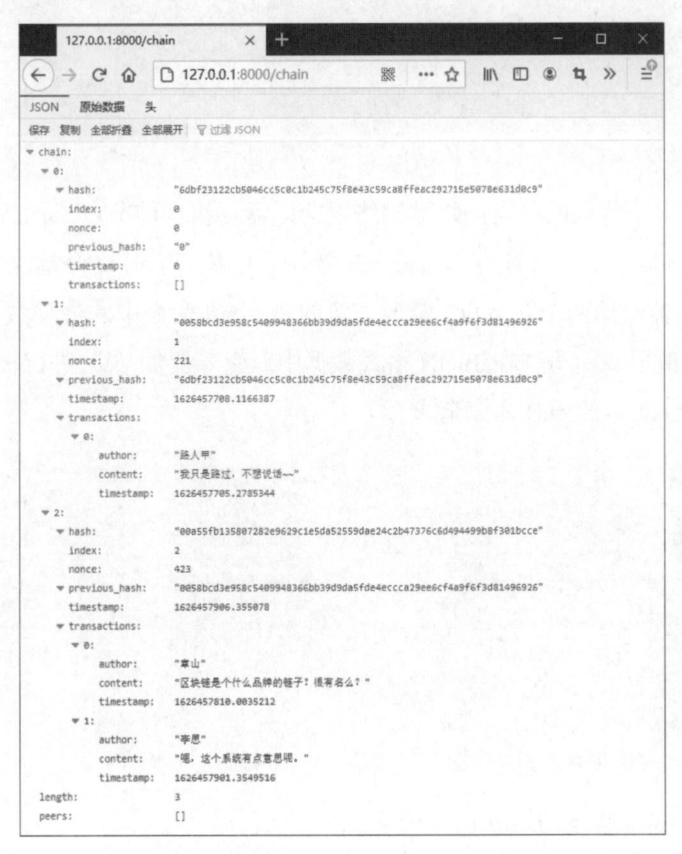

图 3-6　区块链的详细信息查询页面

3.3.3 多节点运行

区块链网络是去中心化的，这意味着区块链不是基于一个中心节点产生的，而是由很多去中心化的节点一起参与和维护的。在多节点运行场景中，我们将在同一台计算机上模拟一个简单的去中心化网络，通过不同的端口来表示不同的节点，每个节点都用一个独立的线程运行。从功能上说，这些独立的节点会各自运行，互不影响。从区块链角度而言，这些节点相互配合，共同维护这个区块链的正确性，并通过验证区块和生成新的区块来延伸整个区块链。

多节点模拟去中心化应用测试

我们将以 3 个节点为例，来模拟一个去中心化的 P2P 网络。在不同的 Anaconda 控制台中执行以下命令将会启动 3 个仿真节点，分别在 8000、8001 和 8002 端口上进行监听。

```
#在第 1 个控制台中执行
SET FLASK_APP=blockchain_node_server.py
flask run --port 8000
#在第 2 个控制台中执行
SET FLASK_APP=blockchain_node_server.py
flask run --port 8001
#在第 3 个控制台中执行
SET FLASK_APP=blockchain_node_server.py
flask run --port 8002
```

在运行包含多个节点的仿真区块链网络之前，需要给当前节点添加新的相邻节点。我们可利用 API “/add_peer”，通过在 Anaconda 控制台中执行 curl 命令请求，添加在 8001 和 8002 端口上进行监听的两个新节点（需要注意的是，curl 命令中的-d 参数在 Windows 操作系统中单引号要改成双引号，在 JSON 格式数据中双引号要加“\”进行转义）。

以下为 Linux 版本的 curl 命令请求。

```
curl -X POST \
  "http://127.0.0.1:8000/add_peer" \
  -H 'Content-Type: application/json' \
  -d '{"node_address": "http://127.0.0.1:8001"}'

curl -X POST \
  "http://127.0.0.1:8000/add_peer " \
  -H 'Content-Type: application/json' \
  -d '{"node_address": "http://127.0.0.1:8002"}'
```

以下为 Windows 版本的 curl 命令请求。

```
curl -X POST  "http://127.0.0.1:8000/add_peer"  \
   -H "Content-Type: application/json" \
   -d "{\"node_address\": \"http://127.0.0.1:8001\"}"

curl -X POST  "http://127.0.0.1:8000/add_peer"  \
   -H "Content-Type: application/json" \
   -d "{\"node_address\": \"http://127.0.0.1:8002\"}"
```

也可以通过节点功能 API “/peers/add/<string:ip>/<int:port>” 来添加相邻节点。例如，以下命令将为 http://localhost:8000 节点（简称为 8000 节点）添加 8001 节点与 8002 节点的相邻节点。

```
http://127.0.0.1:8000/peers/add/localhost/8001
http://127.0.0.1:8000/peers/add/localhost/8002
```

添加相邻节点后，8000 节点就可以知道还有 8001 节点和 8002 节点，如图 3-7 所示。新加入的节点可以通过 “/chain/sync” 从相邻节点中同步最长区块链的数据，并且可以参与后续的挖矿。

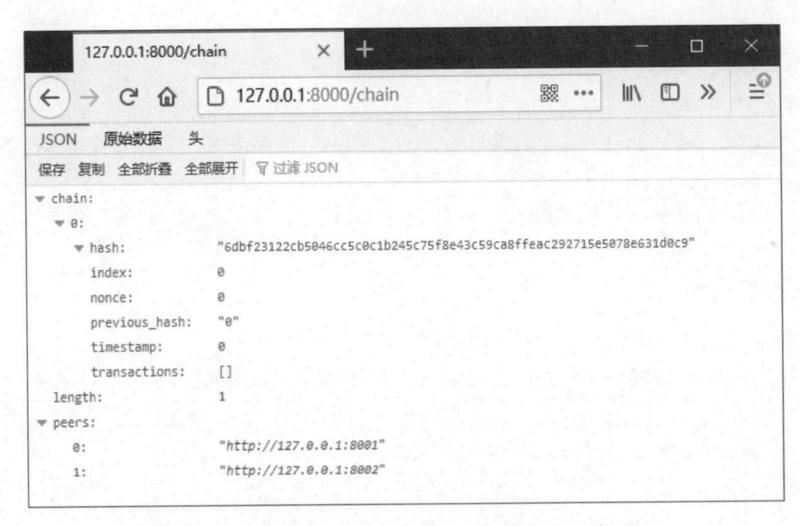

图 3-7　添加远程节点后查看区块链节点信息页面

一旦完成以上操作，我们就可以通过在 Anaconda 控制台中执行 python app.py 命令来启动应用，并通过 Web 页面创建交易。当用户开始挖矿将新的数据上链之后，网络中的所有节点都会更新自己的本地区块链。可以通过 curl 命令请求（或 Postman）请求，利用节点功能 API “/chain” 来查看区块链信息，如下。

```
curl -X GET http://localhost:8001/chain #在控制台中显示返回的 8001 节点的区块链信息
curl -X GET http://localhost:8002/chain #在控制台中显示返回的 8002 节点的区块链信息
```

或直接在浏览器中运行 API“/chain”来获取指定节点的区块链信息，如下。

```
http://localhost:8001/chain #在浏览器中显示返回的 8001 节点的区块链信息
http://localhost:8002/chain #在浏览器中显示返回的 8002 节点的区块链信息
```

在这个基于区块链的去中心化应用中还存在问题：任何人在任何时候都可以进行内容提交。解决这一问题的其中一个方案就是使用非对称加密技术对内容分享进行一定的限制。我们可以规定每个用户都需要一个公钥和一个私钥才能在我们的应用中提交数据。其中，私钥用来创建数据的签名，而公钥用来验证数据的签名。其具体工作流程如下。

（1）每一笔提交的新交易都必须使用用户的私钥进行签名，这个签名将与用户信息一起被添加到交易数据中。

（2）在验证阶段，当进行挖矿时，我们可以使用公钥和签名来验证数据中生成的发送方和签名是否相符。

对于上述流程的实现，我们可以在原有代码的基础上，对发送交易函数和挖矿函数进行升级。新的发送交易函数将在原有参数的基础上增添一个“privatekey”，示例代码如下。

```
#通过私钥来发送交易数据
def _send_transaction(self, author, content, privatekey):
    signature = Ecdsa.sign(content,privatekey) #生成签名，用于后续挖矿环节的验证
    tx_data = {
              'author': author,
        'content': content
        } #交易数据
    tx_data["timestamp"] = time.time()   #交易时间戳
    self.add_new_transaction(tx_data)    #将交易添加至未确认交易池

    #返回交易数据签名
    return signature
```

新的挖矿函数的参数包括公钥、交易签名及上链数据信息，示例代码如下。

```
def _mine(self,publickey,signature,message):
    if not self.unconfirmed_transactions:
        return False

    if Ecdsa.verify(message, signature, publickey): #通过公钥对交易签名进行验证
        last_block = self.last_block
        new_block = Block(index=last_block.index + 1,
                        transactions=self.unconfirmed_transactions,
                        timestamp=time.time(),
                        previous_hash=last_block.hash)
```

```
        proof = self.proof_of_work(new_block)
        self.add_block(new_block, proof)
        self.unconfirmed_transactions = []
        return True

    else:
        return False
```

上述示例代码中用到的ECDSA采用了“starkbank-ecdsa”第三方库，该库安装和使用起来都非常方便，在Anaconda控制台中执行以下命令即可快速实现在线安装。

```
pip install starkbank-ecdsa
```

利用starkbank-ecdsa库对信息进行签名和验证的示例代码如下。

```
#导入 starkbank-ecdsa 库
from ellipticcurve.ecdsa import Ecdsa
from ellipticcurve.privateKey import PrivateKey

#生成公私密钥对
privateKey = PrivateKey()
publicKey = privateKey.publicKey()

#要签名的信息
message = "My test message"

#生成信息签名
signature = Ecdsa.sign(message, privateKey)

# 验证签名是否有效
print(Ecdsa.verify(message, signature, publicKey))
```

3.4 本章小结

对于Python Web应用开发初学者而言，Flask框架是一个非常容易上手的轻量级Web框架，在其上部署区块链模拟系统是一个不错的选择。当然，对于有丰富Web开发经验的读者而言，其也可以选择Django、Tornado等其他框架。本章的重点放在Flask框架的基础上，通过对区块链模拟系统相关接口的重新定义，实现了一个简单的基于区块链的去中心化Web应用，并在单节点和多节点环境下进行了部署、运行和测试。

3.5 习题

1. 在自己的机器上安装 Flask 框架并实现一个简单的“Hello World!”示例。

2. 区块链系统为什么要实现一致性？简述什么是最长链原则。

3. 在本章的多节点模拟过程中，如果不使用本机的不同端口来模拟仿真节点，还有什么方法来模拟？简述实现过程。

4. 不使用 Python 第三方库，实现一个对区块信息进行数字签名的简单示例（创建一对密钥，其中私钥用来创建数据的签名，而公钥用来验证数据的签名）。

第4章 本地以太坊私有网络

在进行区块链应用开发时，我们经常要在本地部署和测试所编写的应用程序，而在实际生产环境下的区块链系统一般不适合用于达到此种目的，因此，通常需要在本地搭建与实际生产环境类似的测试环境。在本章中，我们将介绍如何使用 Ganache 和 MetaMask 在本地搭建以太坊私有网络，并进行简单的测试。

4.1 以太坊简介

以太坊（Ethereum）是一个开源的、建立于区块链技术之上的、有智能合约（Smart Contract）功能的去中心化公共应用平台。可以通过其专用加密货币——以太币（Ether，简称 ETH）提供去中心化的以太虚拟机（Ethereum Virtual Machine，EVM）来处理点对点合约。所谓智能合约，是指在以太坊平台上运行的具有某种特定功能的程序，其与其他程序一样也是代码和数据的集合。智能合约用到的主要编程语言为 Solidity 和 Vyper。

在 2013 年至 2014 年间，程序员维塔利克·布特林（Vitalik Buterin）受比特币启发后首次提出以太坊的概念，大意为“下一代加密货币与去中心化应用平台”，以太坊在 2014 年通过 ICO（Initial Coin Offering）众筹开始得以发展。以太坊以比特币带来的创新为基础，做出了很多改进。虽然两者都能让用户不需要支付服务提供商或银行的支持即可使用数字货币，但是以太坊是可编程的，因此用户可以基于它构建不同的数字资产。以太坊并不仅仅可以用于支付，它还是一个聚集了各种金融服务、游戏和应用的自由市场。我们可以基于以太坊区块链平台创建永不停机、人人可用的各种去中心化应用。

4.2 Ganache 简介

Ganache 是一个私有区块链可视化工具，它提供了非常简便的以太坊私有网络搭建方法。在开发和测试环境下，用户可以使用 Ganache 快速启动本地以太坊区块链系统，同时，用户可以使用它来运行测试程序、执行命令并控制区块链的运行方式。用户可以通过 Ganache 提供的可视化界面直观地设置各种参数、查看账户和交易数据、查看所有账户的当前状态，以及查看账户的地址（Address）、私钥（Private Key）、交易（Transaction）和余额（Balance）等，也可以查看 Ganache 内部区块链的日志输出，包括响应和其他重要的调试信息，还可以检查所有区块和交易，以获取相关问题的信息。

4.2.1　GUI 版 Ganache 的安装与设置

从 Ganache 官方网站（其地址参见本书附带的电子资源）中下载 Windows 版本的安装包，然后双击下载的可执行安装文件，逐步按照提示完成安装即可。安装完成后，从“开始”菜单中找到 Ganache，单击启动，即显示图 4-1 所示的启动界面。其中，左边的按钮（QUICKSTART）对应快速启动功能；退出快速启动的系统后，数据不会保存；每次启动后都会打开全新的开发环境。右边的按钮（NEW WORKSPACE）用于启动新的工作空间；用户可以创建多个工作空间；每次启动后，相关的操作数据都保存在当前的工作空间中，退出后也不会丢失。

图 4-1　Ganache 启动界面

单击右边的按钮新建工作空间，进入图 4-2 所示的界面。在这里可以将“WORKSPACE NAME”设置为一个有意义的名字。先不介绍左下角的添加工程按钮（ADD PROJECT），因为我们目前还没有创建任何工程。

单击导航栏的“SERVER”，可以看到图 4-3 所示的远程过程调用（Remote Procedure Call，RPC）服务的相关设置，全部设为默认值，也就是主机地址（HOSTNAME）设为“127.0.0.1-Loopback Pseudo-Interface 1”、端口号（PORT NUMBER）设为“8545”。

Ganache

WORKSPACE SERVER ACCOUNTS & KEYS CHAIN ADVANCED ABOUT CANCEL SAVE WORKSPACE

WORKSPACE

WORKSPACE NAME

MyFirstBlockChainProject

A friendly name for this workspace.

TRUFFLE PROJECTS

Link Truffle projects to this workspace by adding their truffle-config.js or truffle.js file to this workspace.

This will show useful contract and event data to better understand what's going on under the hood.

ADD PROJECT REMOVE PROJECT

图 4-2　Ganache 的 WORKSPACE 设置界面

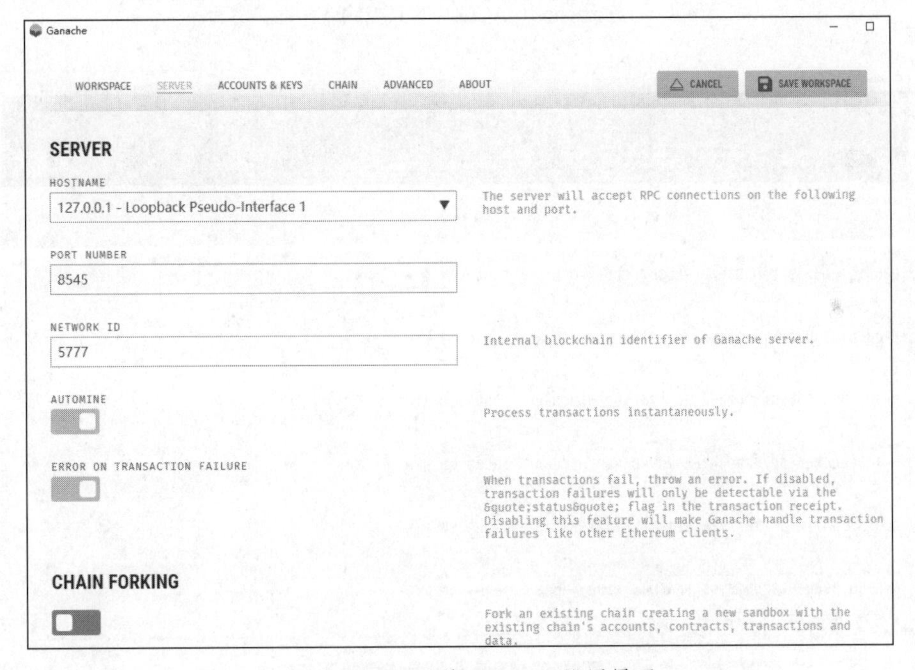

图 4-3　Ganache 的 SERVER 设置界面

单击导航栏上的“ACCOUNTS & KEYS”，进入图 4-4 所示的初始金额（ACCOUNT DEFAULT BALANCE）和初始账户数量（TOTAL ACCOUNTS TO GENERATE）设置界面。我们设置初始金额为 10 000 以太币，自动生成的初始账户数量为 10 个。

导航栏上其他几个菜单的设置使用对应界面的默认值即可。单击“SAVE WORKSPACE”按钮，保存新建的工作空间，即可进入图 4-5 所示的 Ganache 系统主界面，此时已经在本机启动了一个以太坊私有网络，并绑定了 8545 端口。

图 4-4　Ganache 的 ACCOUNTS&KEYS 设置界面

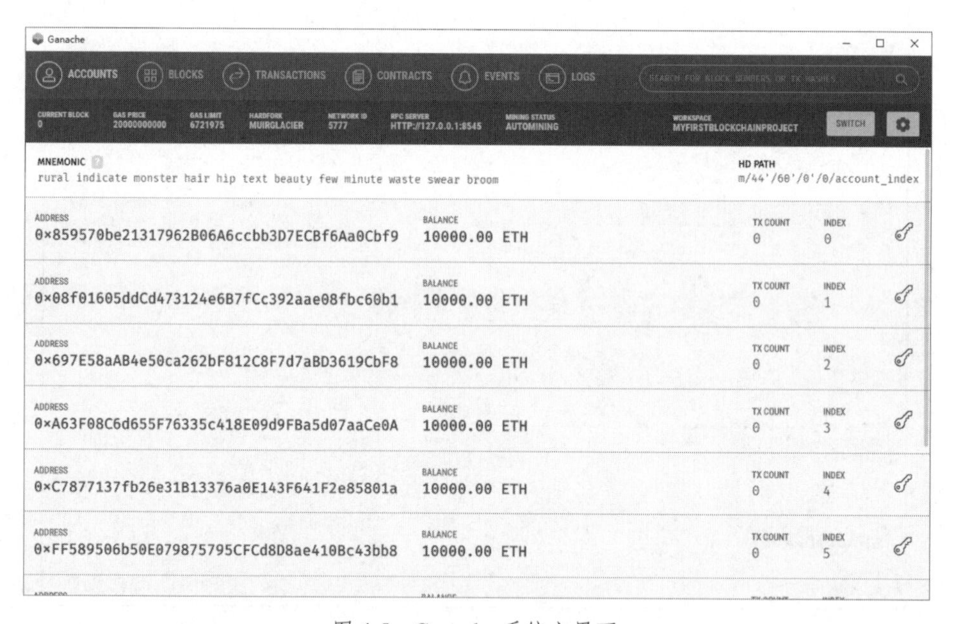

图 4-5　Ganache 系统主界面

主界面最上面第一栏是导航栏，包括账户信息（ACCOUNTS）、区块信息（BLOCKS）、交易信息（TRANSACTIONS）、智能合约（CONTRACTS）、事件（EVENTS）和日志（LOGS）等。第二栏是各子菜单对应的相关信息，右边是切换工作空间按钮（SWITCH）和设置按钮。第三栏是助记词（MNEMONIC），所有的地址都是根据它生成的。在账户信息区域显示的是初始化时自动生成的所有账户相关信息，包括账户地址、余额、交易次数、索引及账户私钥等。

单击导航栏上的“BLOCKS”，如图 4-6（a）所示，可以看到当前 BLOCK 索引是 0。这是由 Ganache 挖矿机制决定的，每一笔交易产生一个新的区块。当前 BLOCK 索引为 0，表明该区块为创世区块，单击该区块，则显示图 4-6（b）所示的区块创建时间、区块哈希值等详细信息。

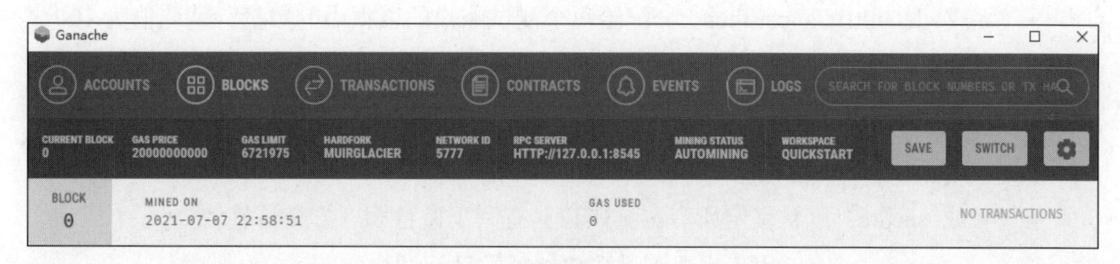

（a）BLOCK 0

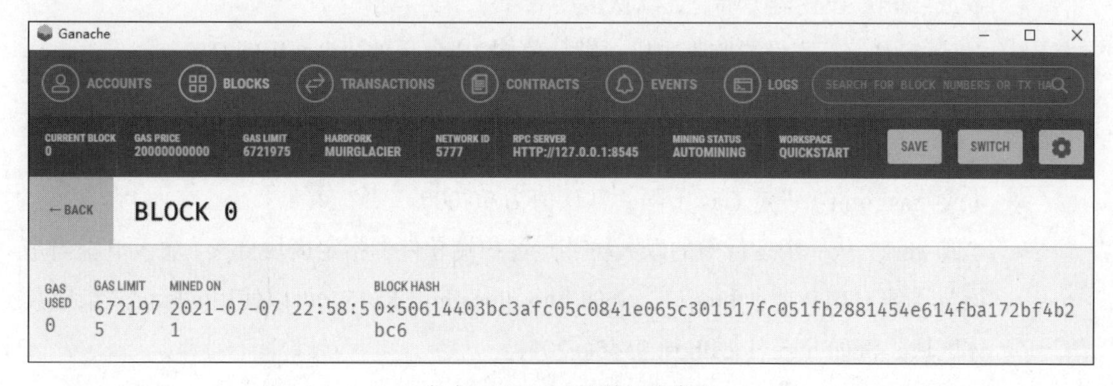

（b）BLOCK 0 的详细信息

图 4-6 Ganache 的 BLOCKS 界面

单击导航栏上的“TRANSACTIONS”，会显示没有交易。单击导航栏上的“CONTRACTS”，因为现有的工作空间并没有任何工程，所以这里也是空的。单击导航栏上的“EVENTS”，会显示没有事件，因为目前我们还没有触发过任何事件。单击导航栏上的“LOGS”，会显示 Ganache 运行的一些日志信息。

4.2.2 命令行版 Ganache 的安装与使用

命令行版 Ganache 的安装和使用主要有以下几个步骤。

（1）从 Node.js 官方网站（其地址参见本书附带的电子资源）中下载 Windows 版本的安装包，然后双击下载的可执行安装文件，一步步按照提示完成安装即可。

（2）在 Anaconda 控制台执行 npm --version 命令，若能正确显示版本号，则表明 Node.js 安装成功。

（3）在 Anaconda 控制台执行以下命令进行 Ganache CLI 的在线安装。

```
npm install -g ganache-cli
```

（4）Ganache CLI 安装完成后，在 Anaconda 控制台执行 ganache-cli 命令，可以启动以太坊本地客户端程序 Ganache，启动选项如下。

- -a 或–accounts：指定启动时要创建的测试账户数量。
- -e 或–defaultBalanceEther：分配给每个测试账户的以太币的数量，默认值为 100。
- -b 或 r –blockTime：指定自动挖矿的时长，以 s 为单位。默认值为 0，表示不进行自动挖矿。
- -d 或–deterministic：基于预定的助记词生成固定的测试账户地址。
- -n 或–secure：默认锁定所有测试账户，有利于进行第三方交易签名。
- -m 或–mnemonic：用于生成测试账户地址的助记词。
- -p 或–port：设置监听端口，默认值为 8545。
- -h 或–hostname：设置监听主机，默认值同 Node.js 的 server.listen()。
- -s 或–seed：设置生成助记词的种子。
- -g 或–gasPrice：设定 Gas 价格，默认值为 20 000 000 000。
- -l 或–gasLimit：设定 Gas 上限，默认值为 90 000。
- -f 或–fork：从一个运行中的以太坊节点客户端软件的指定区块分叉。输入值应当是该节点的 HTTP 地址和端口，例如 http://localhost:8545。可以使用@标记来指定具体区块，例如 http://localhost:8545@2021。
- -i 或–networkId：指定网络 ID。默认值为当前时间或所使用分叉链的网络 ID。
- –db：设置保存区块链数据的目录。如果该目录中已经有区块链数据，Ganache CLI 将用它初始化区块链，而不是重新创建区块链。
- –debug：输出虚拟机操作码，用于调试。
- –mem：输出 Ganache CLI 内存使用情况的统计信息，这将替代标准的输出信息。
- –noVMErrorsOnRPCResponse：不把失败的交易作为 RPC 错误发送。使用这个启动选项，可以使错误报告方式兼容其他的节点客户端，例如 Geth 和 Parity。

4.3 MetaMask 的安装、设置与使用

MetaMask 是一个轻量级的以太坊钱包，主要用于本地以太坊的私有网络测试。由于它是一个浏览器插件，因此使用 MetaMask 可以很方便地在浏览器中完成以太坊转账等操作。

4.3.1 MetaMask 的安装与设置

访问 MetaMask 官方网站（其地址参见本书附带的电子资源），选择 Firefox 浏览器为

目标浏览器，然后在图 4-7（a）所示的页面中单击“Add to Firefox”按钮，页面将弹出图 4-7（b）所示的权限获取通知，单击“添加”按钮，则会弹出图 4-7（c）所示的 MetaMask 插件添加成功通知，并在浏览器右上角生成一个小图标。单击该小图标，进入图 4-7（d）所示的启动页面。

MetaMask 插件的安装

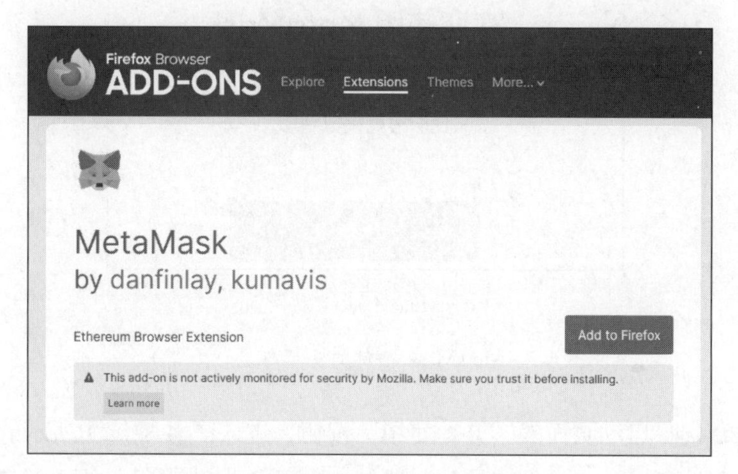

（a）选择 Firefox 浏览器为目标浏览器

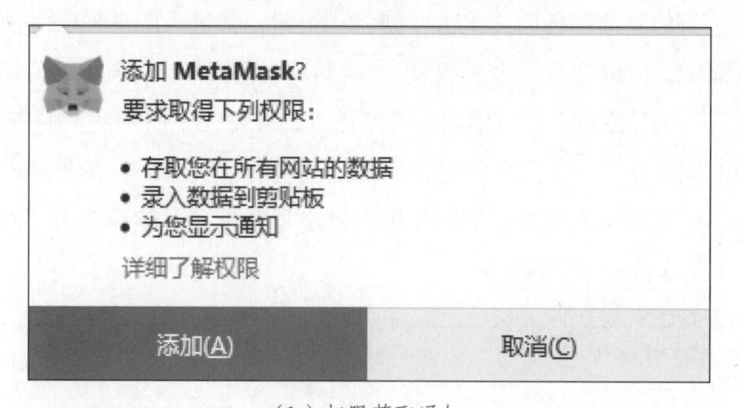

（b）权限获取通知

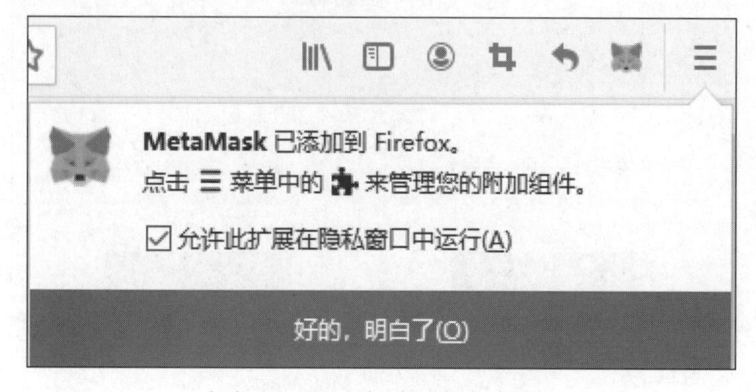

（c）MetaMask 插件添加成功通知

图 4-7　MetaMask 插件的安装与启动

（d）MetaMask 启动页面

图 4-7　MetaMask 插件的安装与启动（续）

单击 MetaMask 启动页面的“开始使用”按钮，进入图 4-8（a）所示的选择页面，因为是第一次使用，所以单击“创建钱包”按钮。在图 4-8（b）所示的“创建密码”页面，输入 8 个以上字符的复杂密码后，单击“创建”按钮，会进入图 4-8（c）所示的视频学习页面。在该页面中，可以观看一个短视频，学习一些保证钱包安全的相关知识。也可以单击页面上的“下一步”按钮来跳过学习，直接进入图 4-8（d）所示的“账户助记词”页面。最好将这些助记词保存在一个隐秘的地方，这是钱包的安全保证。在图 4-8（e）所示的助记词确认页面，按照刚生成的助记词顺序依次单击每个单词，然后单击“确认”按钮即可进入图 4-8（f）所示的设置完成页面。

（a）首次使用 MetaMask

图 4-8　MetaMask 钱包的设置

（b）创建密码

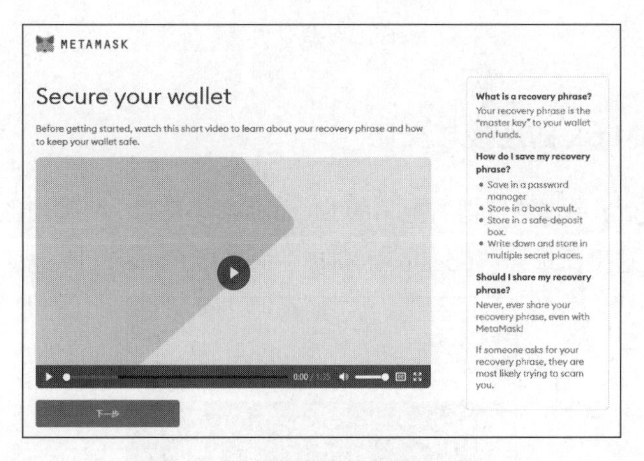

（c）钱包安全提示

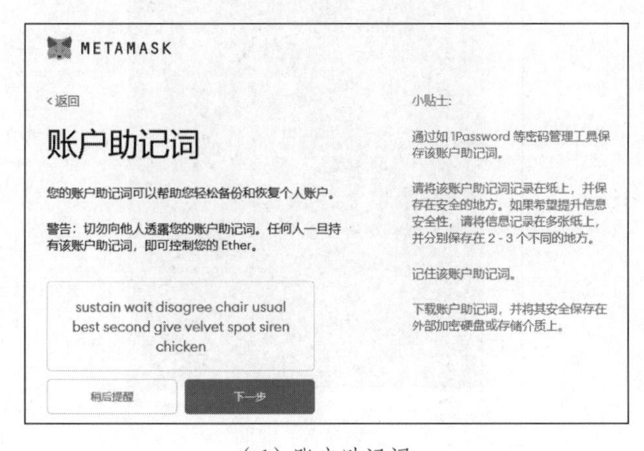

（d）账户助记词

图 4-8　MetaMask 钱包的设置（续）

（e）确认账户助记词

（f）设置完成

图 4-8　MetaMask 钱包的设置（续）

4.3.2　MetaMask 的连接与交互

钱包设置完成后，单击浏览器右上角的 MetaMask 小图标，将弹出图 4-9 所示的区块链网络选择界面。在这里，选择“Localhost 8545”来连接 Ganache 本地区块链网络。

图 4-9　MetaMask 网络选择界面

至此，MetaMask 就可以和本地的以太坊私有网络进行交互了。通过以下步骤对 MetaMask 进行一些简单的测试。

MetaMask 转账操作演示

（1）导入一个 Ganache 账户到 MetaMask。

- 从 Ganache 系统主界面（如图 4-5 所示）选定一个账户，单击最右边的小钥匙图标，复制其私钥。
- 在 MetaMask 中单击头像，选择“导入账户”，弹出图 4-10（a）所示的对话框。
- 把复制的账户私钥粘贴至文本框中，并单击“导入”按钮即可显示图 4-10（b）所示的账户信息。

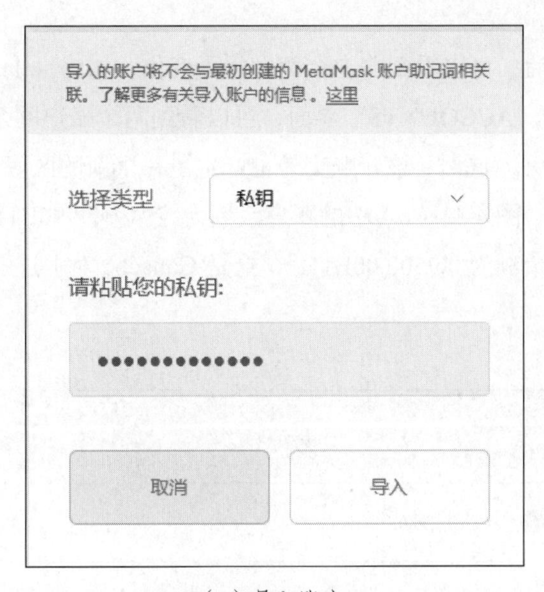

（a）导入账户

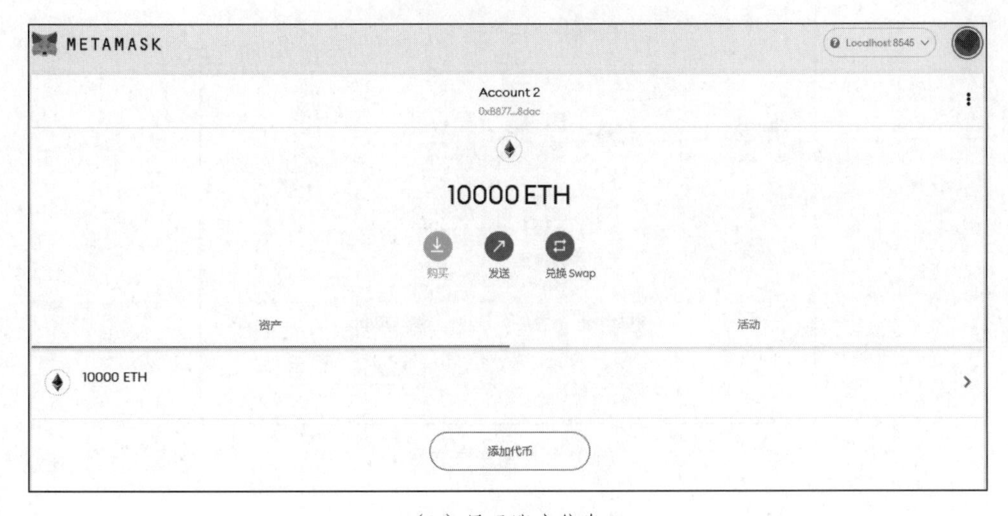

（b）显示账户信息

图 4-10　账户导入 MetaMask

从导入的账户信息可以看到，该账户现有余额为 10 000 以太币。此后可以对该新账户进行转账交易等操作。

（2）利用新账户进行转账交易。

- 单击图 4-10（b）所示页面中的“发送”按钮，弹出转账对话框。
- 从 Ganache 系统主界面中，再选定一个其他的账户，复制其地址。
- 将复制的地址粘贴到顶部的文本框中，并在“数额”文本框中输入一个数值，表示要转账的金额（例如“500”），其他文本框保持默认值即可，如图 4-11（a）所示。
- 单击“下一步”，弹出图 4-11（b）所示的转账确认对话框，单击“确认”完成交易。
- 提示转账成功后，可以看到账户余额发生了变化，如图 4-11（c）所示。此时再转到 Ganache 的“ACCOUNTS”界面，可以看到两个账户的余额都发生了变化，如图 4-11（d）所示。同时，该转账交易也产生了一个新的区块，如图 4-11（e）所示。需要注意的是，图 4-11（c）中的账户余额为“9499.9996ETH”，而在图 4-11（d）中显示的账户余额为“9500.00ETH”，这是 Ganache 对上述账户余额进行四舍五入运算的结果。

（a）向其他账户转账

图 4-11　账户之间转账界面

（b）转账确认

（c）账户余额变化

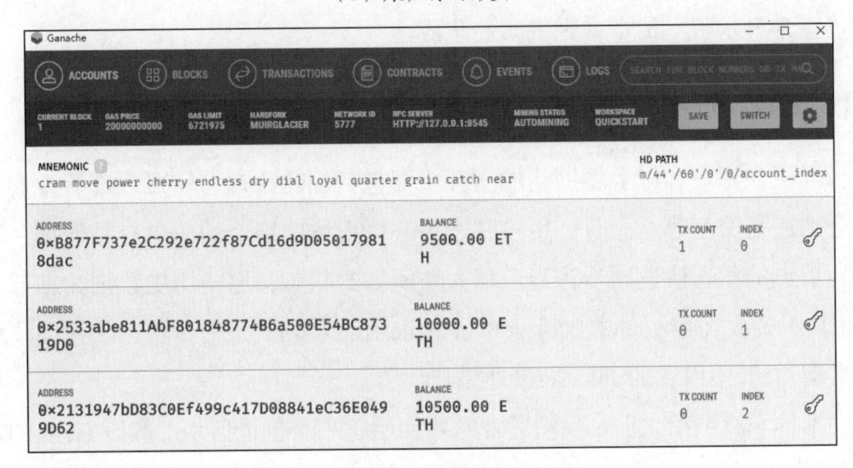

（d）Ganache 转账结果的显示页面

图 4-11　账户之间转账界面（续）

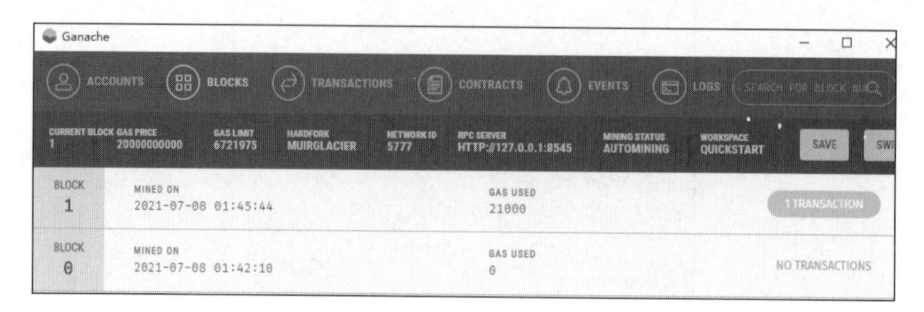

（e）交易产生新的区块

图 4-11 账户之间转账界面（续）

4.4 测试本地以太坊私有网络

基于 Ganache 和 MetaMask 的以太坊网络搭建完成以后，我们就可以通过这个本地网络来理解和学习以太坊区块链的相关知识了。在此之前，我们还需要安装诸如 Geth 等常用的以太坊客户端来与本地测试网络进行连接和交互。

4.4.1 以太坊客户端 Geth 的安装

Geth 是 Go Ethereum 开源项目的简称，它是使用 Go 语言编写且实现了以太坊协议的客户端软件，也是目前用户较多、使用较广泛的客户端。通过 Geth 客户端与以太坊网络进行连接和交互，可以实现账户管理、合约部署、挖矿等众多实用的功能。

从 Geth 官方网站下载 Windows 版本的安装包，下载完成后双击下载的可执行安装文件，按照提示一步步完成安装即可。安装完成后，在 Anaconda 控制台中执行 geth version 命令，若能正常显示版本信息，则表明安装成功。

4.4.2 搭建和启动单节点本地私有网络

通常情况下，用户和以太坊网络的交互主要包括创建账户、转账、部署智能合约，以及与智能合约进行交互等。此时，用户并不关心以太坊网络上的历史交易数据，因此，只需要让本地节点的状态快速同步为当前以太坊网络的状态，忽略历史数据的细节。对于上述情形，用户只需要在控制台中执行 geth console 命令即可。该命令将以快速同步模式启动 Geth，并启动 Geth 中内置的 JavaScript 控制台。

在启动本地私有网络之前，我们通常需要初始化一个创世区块。假设 Geth 的本地区块数据的存储目录为 D:\privatechain，我们在该目录下新建一个文件 genesis.json 来放置创世区块（第 0 号区块）的配置信息，该文件的内容如下。

```
{
        "config": {
            "chainId": 0,
            "homesteadBlock": 0,
            "eip155Block": 0,
            "eip158Block": 0
        },
        "alloc"      : {},
        "coinbase"   : "0x0000000000000000000000000000000000000000",
        "difficulty" : "0x20000",
        "extraData"  : "",
        "gasLimit"   : "0x2fefd8",
        "nonce"      : "0x0000000000000042",
        "mixhash"    : "0x0000000000000000000000000000000000000000000000000000000000000000",
        "parentHash" : "0x0000000000000000000000000000000000000000000000000000000000000000",
        "timestamp"  : "0x00"
}
```

上述创世区块配置文件中的字段所代表的具体含义如下。

- chainId：用于标记一条区块链的 ID，它必须和交易时的 chainId 一致。
- homesteadBlock：版本硬分叉的高度，意味着从此高度开始，新区块受 homestead 版本共识规则约束，通常设置为 0。
- eip155Block：EIP-155 硬分叉的高度，设置为 0 即可。以太坊改进提案（Ethereum Improvement Proposals，EIP）描述以太坊平台的标准，包括核心协议规范、客户端 API 和合同标准等。
- eip158Block：EIP-158 硬分叉的高度，设置为 0 即可。
- alloc：用来预置账户及账户上的币的数量。因为私有链开启挖矿后很简单地就能获得测试所需要的币，所以不需要预置有币的账号。
- coinbase：默认的矿工账户。挖矿成功时会默认把所得的挖矿奖励存入这个账号。
- difficulty：用于设置挖矿难度。私有链在测试时可将该值设置得小一点，让区块更容易被挖出来，也让测试效率更高。
- extraData：附加信息，没有其他要求，可以随便填写。
- gasLimit：对 Gas 大小的限制。用于防止一些合约 bug，比如陷入无限循环时可能会消耗掉账户中所有的 ETH，当 Gas 消耗超过 gasLimit 时，交易执行会失败。
- nonce：一个 64 位随机数，用于挖矿。
- mixhash：与 nonce 配合，用于挖矿。

- parentHash：上一个区块的哈希值，创世区块的该值为 0。
- timestamp：设置创世区块的时间戳。

接下来，我们就用上面这个配置文件来初始化创世区块，执行以下示例命令。

```
geth --datadir D:\privatechain init D:\privatechain\genesis.json
```

执行结果如下。

```
INFO [07-10|22:14:11.091] Maximum peer count ETH=50 LES=0 total=50
INFO [07-10|22:14:11.113] Set global gas cap cap=25,000,000
INFO [07-10|22:14:11.114] Allocated cache and file handles database=D:\privatechain\
geth\chaindata cache=16.00MiB handles=16
INFO [07-10|22:14:11.372] Persisted trie from memory database nodes=0 size=0.00B
time=0s gcnodes=0 gcsize=0.00B gctime=0s livenodes=1 livesize=0.00B
INFO [07-10|22:14:11.392] Successfully wrote genesis state database=chaindata
hash=5e1fc7..d790e0
INFO [07-10|22:14:11.393] Allocated cache and file handles database=D:\privatechain\
geth\lightchaindata cache=16.00MiB handles=16
INFO [07-10|22:14:11.512] Persisted trie from memory database nodes=0 size=0.00B
time=0s gcnodes=0 gcsize=0.00B gctime=0s livenodes=1 livesize=0.00B
INFO [07-10|22:14:11.516] Successfully wrote genesis state database=lightchaindata
hash=5e1fc7..d790e0
```

我们也可以用更复杂的参数来启动一个本地单节点的 Geth 以太坊区块链的私有网络。例如，若想启动提供 HTTP-RPC 服务的私有链，在 Anaconda 控制台执行以下命令即可。

```
geth  --datadir "D:\privatechain" --networkid 23 --rpc  --rpcaddr "localhost"
--rpcport "8545" --rpccorsdomain "*" --rpcapi "db,eth,net,web3" console
```

若想启动提供 WebSockets-RPC 服务的私有链，则执行以下命令。

```
geth --datadir "D:\privatechain" --networkid 23 --ws --wsaddr "0.0.0.0" --wsport
"8546" --wsorigins "*" --wsapi "db,eth,net,web3" console
```

geth 命令有很多选项可用，其含义分别如下。

- rpc：开启 HTTP-RPC 服务。
- rpcaddr：指定 HTTP-RPC 服务的地址，默认为 localhost。
- port：网络的监听端口，默认为 8545。
- rpccorsdomain：以逗号作为分隔的域列表，指定 HTTP-RPC 服务允许接收从哪些域过来的跨域请求，"*"表示接收来自所有域的跨域请求。
- rpcapi：设定开放给 HTTP-RPC 服务的接口，默认只开放 eth、net、web3。
- ws：启用 WebSockets-RPC 服务。
- wsaddr：指定 WebSockets-RPC 服务的地址，默认为 localhost。
- wsport：指定 WebSockets-RPC 服务的端口，默认为 8546。

- wsapi：设定开放给 WebSockets-RPC 服务的接口，默认只开放 eth、net、web3。
- datadir：设置当前区块链网络数据的存放位置。
- identity：区块链的标识，用于标识当前网络。
- networkid：设置当前区块链的网络 ID，用于区分不同的网络，默认为 1。
- nodiscover：禁止网络中的对等节点发现自己的节点。如果打算在本地网络中与其他人一起使用该私有区块链，请不要使用此参数。
- dev console：开启一个可交互的 JavaScript 控制台。
- ipcdisable：禁用 IPC-RPC 服务。
- ipcapi：设定开放给 IPC-RPC 服务的接口，默认开放 admin、debug、eth、miner、net、personal、shh、txpool、web3 等。
- ipcpath：指定进程间通信（Interprocess COmmunication，IPC）的路径。

至此，一个单节点的以太坊区块链私有网络已经启动并运行起来。我们可以通过执行 admin.nodeInfo 命令来查看当前网络的节点信息，结果如下。

```
>admin.nodeInfo
{
  enode: "enode://deedc68a42316b842e478879a2ef2eb8a59c90cc38d17da8f9bebae67570f23
13efa1098e1ecd5ec06da98c3c1dae4df97c7b59f237646d90dfc5caca7f4fa41@192.168.1.11:30303",
  enr: "enr:-J24QAfzfs3pWdFZ05TqzV_X078Rk_RUGROJsp2pw4vhKFMfI1GalzLVdkazxIJEIWJN
dob9p713Pk8WCwJEd-hh9IkYg2V0aMfGhHEB0w2AgmlkgnY0gmlwhMCoAQuJc2VjcDI1NmsxoQPe7caKQjFr
hC5HiHmi7y64pZyQzDjRfaj5vrrmdXDyMYRzbmFwwIN0Y3CCdl-DdWRwgnZf",
  id: "3682f9169f83fbdbb5ab99c250d30271b1b7d743232722ddd3f620bcc5813cd3",
  ip: "192.168.1.11",
  listenAddr: "[::]:30303",
  name: "Geth/v1.10.3-stable-991384a7/windows-amd64/go1.16.3",
  ports: {
    discovery: 30303,
    listener: 30303
  },
  protocols: {
    eth: {
      config: {
        chainId: 0,
        eip150Block: 0,
        eip150Hash: "0x0000000000000000000000000000000000000000000000000000000000
000000",
        homesteadBlock: 0
      },
      difficulty: 262144,
      genesis: "0x5e1fc79cb4ffa4739177b5408045cd5d51c6cf766133f23f7cd72ee1f8d790e0",
      head: "0xb5d48d47cc39ff79350439a17d5165fa6fe002fb797108f38cd82711466d48c2",
      network: 23
    },
```

```
    snap: {}
  }
}
```

Geth 的 JavaScript 控制台是一个交互式的 JavaScript 执行环境，在这个环境里内置了如下这些用来操作以太坊的 JavaScript 对象，我们可以直接使用这些对象。

- eth：包含一些与操作区块链相关的方法。
- net：包含一些查看 P2P 网络状态的方法。
- admin：包含一些与管理节点相关的方法。
- miner：包含启动和停止挖矿的一些方法。
- personal：主要包含一些管理账户的方法。
- txpool：包含一些查看交易池的方法。
- web3：包含以上对象，还包含一些单位换算的方法。

其中，常用命令如下。

- personal.newAccount()：创建账户。
- personal.unlockAccount()：解锁账户。
- eth.accounts：枚举系统中的账户。
- eth.getBalance()：查看账户余额，返回值的单位是 Wei。它是以太坊中最小的货币面额单位，类似比特币中的聪（Satoshi），1 以太币= 10^{18} Wei。
- eth.blockNumber：列出区块总数。
- eth.getTransaction()：获取交易。
- eth.getBlock()：获取区块。
- miner.start()：开始挖矿。
- miner.stop()：停止挖矿。
- web3.fromWei()：将 Wei 换算成以太币。
- web3.toWei()：将以太币换算成 Wei。
- txpool.status：查看交易池的状态。
- admin.addPeer()：连接到其他节点。

我们也可以通过执行以下命令将 Geth 的 JavaScript 控制台连接到 Ganache 本地以太坊网络，然后通过各种命令与之交互。

```
geth attach http://127.0.0.1:8545
```

当然，在此之前，我们需要启动 GUI 版本的 Ganache，或者在 Anaconda 控制台中执行 ganache-cli 命令来启动本地以太坊网络。

4.4.3 搭建和启动多节点本地私有网络

通过如下命令，用上文中创建的创世区块配置文件初始化另一个目录（例如 D:/privatechain2）的创世区块。

```
geth --datadir D:/privatechain2 init D:/privatechain/genesis.json
```

在单节点私有网络启动命令的基础上，修改--datadir 和--rpcport 两个选项的值，并添加--port 30304 --ipcdisable，以免创建的节点与现有节点冲突。然后在另一个新开的 Anaconda 控制台窗口中，通过执行以下命令启动这个新创建的节点。

```
geth  --datadir "D:\privatechain2" --port 30304 --ipcdisable --networkid 23 --rpc
--rpcaddr "localhost" --rpcport "8546" --rpccorsdomain "*" --rpcapi "db,eth,net,web3"
console
```

使用 admin.nodeInfo 命令查看节点信息，返回结果如下。

```
>admin.nodeInfo
{
  enode: "enode://5baab6c8a2f4619ede89171a02143218c351e973439ca9388d9284aaa0175b2
b1dd0947019643ca0b12b3c376199b9dc0d4e647d863cf77535fde7d2a4f051b8@192.168.1.11:30304",
  enr:  "enr:-J24QBpeBNh2mfOloA0qDBOEx-jgQo1Yv-7lyaBVYZqtLqVgBL1hbV4t2aLsWG0h5Xsi
AsrYJPGYEF_AzGDhl29aMtMCg2V0aMfGhHEB0w2AgmlkgnY0gmlwhMCoAQuJc2VjcDI1NmsxoQJbqrbIovRh
nt6JFxoCFDIYw1Hpc0OcqTiNkoSqoBdbK4RzbmFwwIN0Y3CCdmCDdWRwgnZg",
  id: "6ed0b13e63b5eafb87806811484391b8ae432047814b55f1e1b61bc4dd8279ec",
  ip: "192.168.1.11",
  listenAddr: "[::]:30304",
  name: "Geth/v1.10.3-stable-991384a7/windows-amd64/go1.16.3",
  ports: {
    discovery: 30304,
    listener: 30304
  },
  protocols: {
    eth: {
      config: {
        chainId: 0,
        eip150Block: 0,
        eip150Hash:  "0x0000000000000000000000000000000000000000000000000000000
000000",
        homesteadBlock: 0
      },
      difficulty: 131072,
      genesis: "0x5e1fc79cb4ffa4739177b5408045cd5d51c6cf766133f23f7cd72ee1f8d790e0",
      head: "0x5e1fc79cb4ffa4739177b5408045cd5d51c6cf766133f23f7cd72ee1f8d790e0",
      network: 23
    },
    snap: {}
```

```
    }
  }
```

从上述网络节点信息可以看出，该节点确实与之前已有节点不同。我们接下来需要将这两个不同节点连接起来。在第二个 Anaconda 控制台中执行 admin.peers 命令来查看网络的其他节点，返回结果如下。

```
  > admin.peers
  []
```

该结果表明，该节点并没有连接到网络上，我们需要通过以下命令将其连接到网络上，其中，括号内的参数是之前已有节点的信息中 enode 字段的值。

```
  >admin.addPeer("enode://deedc68a42316b842e478879a2ef2eb8a59c90cc38d17da8f9bebae6
7570f2313efa1098e1ecd5ec06da98c3c1dae4df97c7b59f237646d90dfc5caca7f4fa41@192.168.1.1
1:30303")
```

执行上述命令连接节点之后，再执行 admin.peers 命令，结果如下，表明节点连接成功。

```
  > admin.peers
  [{
      caps: ["eth/63", "eth/64", "eth/65", "par/1", "par/2"],
      enode: "enode://de52653c285c928be0f8ea28ff645695ebe5227bd0e66b5155f3bf9d1a71cb36c
6781fc9de77d3224e13f08c77098220b2eb3ca72f470219bfb331d5726c4c8e@154.94.223.146:30303",
      id: "8a2e49cf2eec26dfd7b13a14569b30bfa32457dd51ba028c88486fd4187d9860",
      name: "OpenEthereum/v3.3.0-rc.2-stable-5920f23-20210617/x86_64-linux-gnu/
rustc1.52.1",
      network: {
        inbound: False,
        localAddress: "192.168.2.40:60060",
        remoteAddress: "154.94.223.146:30303",
        static: False,
        trusted: False
      },
      protocols: {
        eth: "handshake"
      }
  }]
```

4.4.4 功能测试

通过本章前面部分的详细讨论，我们现在可以启动 Ganache 或 Geth 来连接本地以太坊区块链系统，进行各种功能测试。为了获取较为直观的可视化效果，我们将以 GUI 版 Ganache 为例进行测试。

本地以太坊系统交互演示

启动 GUI 版 Ganache，并在 Anaconda 控制台中启动 Geth 的 JavaScript 控制台，然后可通过以下示例代码对部分功能进行测试。

1．创建账户和查看账户信息

```
>personal.newAccount()
Passphrase:
Repeat passphrase:
"0x6b5fa38ac98e04dbccf472e0c5681f478cef0a0f"
>eth.accounts
["0x859570be21317962b06a6ccbb3d7ecbf6aa0cbf9", "0x08f01605ddcd473124e6b7fcc392
aae08fbc60b1", "0x697e58aab4e50ca262bf812c8f7d7abd3619cbf8", "0xa63f08c6d655f76335
c418e09d9fba5d07aace0a", "0xc7877137fb26e31b13376a0e143f641f2e85801a", "0xff589506b50e
079875795cfcd8d8ae410bc43bb8", "0xd40e2bbb55404e6a59ed5a67a29dcdf36f22e921", "0x559514
bd1c7226616abce930d1c0d95ba21aa6f4", "0x122752282003839fd77471d65ef5a3dd489374e5", "0x
8304d4e55aa7374172d7d0ab52e9ee686e25814f", "0x6b5fa38ac98e04dbccf472e0c5681f478cef0a0f"]
> eth.getBalance(eth.accounts[0]) #系统默认创建的账户之一，余额为初始设置的 1 000 以太币
1000000000000000000000
> eth.getBalance(eth.accounts[10]) #自己创建的新账户，余额为 0
0
```

2．交易与账户余额查询

```
> tx={from:eth.accounts[0],to:eth.accounts[10],value:web3.toWei(0.2,"ether")}
{
  from: "0x859570be21317962b06a6ccbb3d7ecbf6aa0cbf9",
  to: "0x6b5fa38ac98e04dbccf472e0c5681f478cef0a0f",
  value: "200000000000000000"
}
> personal.sendTransaction(tx)
"0x3df71410fc827b367344adc4c16c776b81df0830559bfa082a9ae48441127550"
>
```

打开 GUI 版 Ganache，可在“ACCOUNTS”界面中看到第一个账户的余额变少，可在“BLOCKS”界面中看到系统产生了一个新的区块，如图 4-12（a）所示，单击“1 TRANSACTION”按钮即可显示如图 4-12（b）所示的交易详细信息界面。

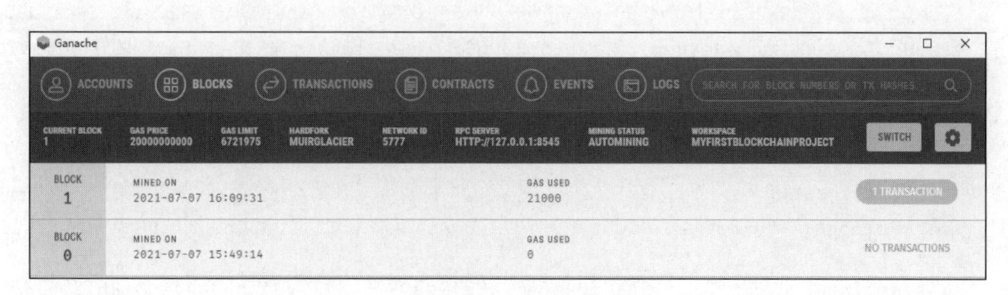

（a）产生一个新的区块

图 4-12　交易后新增区块界面

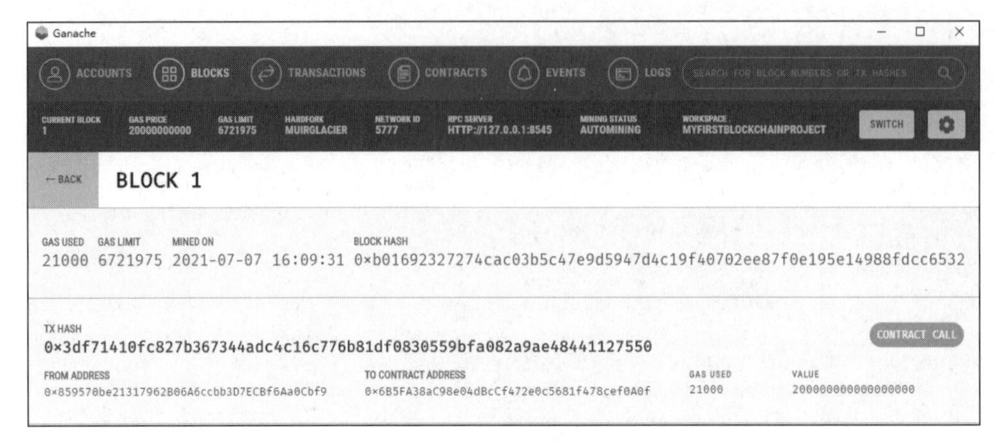

（b）交易详细信息界面

图 4-12　交易后新增区块界面（续）

3．查看区块和交易信息

```
> eth.blockNumber #获取当前所有区块数
3
> eth.getBlock(1) #获取第 1 号区块的详细信息
{
  difficulty: 0,
  extraData: "0x",
  gasLimit: 6721975,
  gasUsed: 21000,
  hash: "0xb01692327274cac03b5c47e9d5947d4c19f40702ee87f0e195e14988fdcc6532",
  logsBloom: "0x0000000000000000000000000000000000000000000000000000000000000000000000000000000000",
  miner: "0x0000000000000000000000000000000000000000",
  mixHash: "0x0000000000000000000000000000000000000000000000000000000000000000",
  nonce: "0x0000000000000000",
  number: 1,
  parentHash: "0x7a1d5e9df9808a8cb1702619ebe28b153ed0c54d6902b21e7920c7075f22ab94",
  receiptsRoot: "0x056b23fbba480696b65fe5a59b8f2148a1299103c4f57df839233af2cf4ca2d2",
  sha3Uncles: "0x1dcc4de8dec75d7aab85b567b6ccd41ad312451b948a7413f0a142fd40d49347",
  size: 1000,
  stateRoot: "0x2afe147cb7aa89cb0f91be2b35f44bbded5574c13226e3c12a0d7c843a595889",
  timestamp: 1625645371,
  totalDifficulty: 0,
  transactions: ["0x3df71410fc827b367344adc4c16c776b81df0830559bfa082a9ae48441127
550"],
  transactionsRoot: "0xfa154a7d04a6a1fc8279c79975a377090ecb80a444d0c8515b5c700db
0a87223",
  uncles: []
}
#获取指定哈希值的交易信息，哈希值可以从上面区块信息的交易返回值中获得
> eth.getTransaction("0x3df71410fc827b367344adc4c16c776b81df0830559bfa082a9ae4844
```

```
1127550")
    {
      blockHash: "0xb01692327274cac03b5c47e9d5947d4c19f40702ee87f0e195e14988fdcc6532",
      blockNumber: 1,
      from: "0x859570be21317962b06a6ccbb3d7ecbf6aa0cbf9",
      gas: 90000,
      gasPrice: 20000000000,
      hash: "0x3df71410fc827b367344adc4c16c776b81df0830559bfa082a9ae48441127550",
      input: "0x",
      nonce: 0,
      r: "0x681e05d05284764e6641990f627a38211dbd5f5b98e75cf55139a5ba10f9750c",
      s: "0x72e96c3f3ec38434b3b568f3f596ee562113357d0a3bcbb3d68d94ea49a4f4d4",
      to: "0x6b5fa38ac98e04dbccf472e0c5681f478cef0a0f",
      transactionIndex: 0,
      v: "0x25",
      value: 2000000000000000000
    }
    > eth.getBlock('latest') #返回最新产生的区块的详细信息
    {
      difficulty: 0,
      extraData: "0x",
      gasLimit: 6721975,
      gasUsed: 21000,
      hash: "0x981a894ad13e6c3aa89fba65e70bf09d7c83791691d87692a86a2c4ba5464b0a",
      logsBloom: "0x0000000000000000000000000000000000000000000000000000000000000000
00000000000000000000000000000000000000000000000000000000000000000000000000000000000000000000
00000000000000000000000000000000000000000000000000000000000000000000000000000000000000000000
00000000000000000000000000000000000000000000000000000000000000000000000000000000000000000000
00000000000000000000000000000000000000000000000000000000000000000000000000000000000000000000
00000000000000000000000000000000000000000000000000000000000000000000000000000000000000000000
00000000000000000000000000000000000000000000000000000000000000000000000000000000000000000000
000000000000000000000000000",
      miner: "0x0000000000000000000000000000000000000000",
      mixHash: "0x0000000000000000000000000000000000000000000000000000000000000000",
      nonce: "0x0000000000000000",
      number: 3,
      parentHash: "0x15a476c39e4ed02b3bd591f11fa5a32e314a158eb652068aa15351f978204ef7",
      receiptsRoot: "0x056b23fbba480696b65fe5a59b8f2148a1299103c4f57df839233af2cf4ca2d2",
      sha3Uncles: "0x1dcc4de8dec75d7aab85b567b6ccd41ad312451b948a7413f0a142fd40d49347",
      size: 1000,
      stateRoot: "0x6940e727fd33149f11d1ecaff079d83b049ade093a85cd7492be8a18d5f92da3",
      timestamp: 1625650512,
      totalDifficulty: 0,
      transactions: ["0x673da9c5d96613ec2d1ae12c7cf3ece07c39e790358bc750a1b1a7d653d
    02841"],
      transactionsRoot: "0x1ab6eb534e2c37bcc562fad22e654ccb543945b897f14ca88df39918c4
    435744",
      uncles: []
    }
```

执行上述测试命令与本地以太坊私有网络进行交互，这项操作也可以通过在 Anaconda 控制台中执行 ganache-cli 命令，启动命令行版本的 Ganache 来实现，只是无法像 GUI 版本那样直观地显示命令执行后的数据可视化结果。

4.5 本章小结

本章主要介绍了以太坊区块链系统的一些基本概念，以及如何利用可视化工具 Ganache 和轻量级以太坊钱包 MetaMask 工具来构建一个本地以太坊私有网络环境。同时，也介绍了如何通过 Geth 等以太坊客户端程序与以太坊网络进行连接和交互，并进行各种相关功能的测试。

基于本地以太坊私有网络，用户可以对上线前的智能合约程序进行快速部署、运行、测试和改进，效果与在实际生产环境中的基本一致，但部署和运行速度比在实际生产环境中的快得多，而且用户无须支付任何费用。初学者也可以利用该本地网络，通过创建一些去中心化的应用来学习以太坊智能合约编程等相关技术。

4.6 习题

1. 以太坊平台和比特币系统的最大区别是什么？
2. 基于 Ganache 和 MetaMask 构建一个本地的以太坊区块链网络。
3. 什么是以太坊钱包？
4. 生产环境中是否可以使用单节点以太坊网络？

第5章 基于Web3和Brownie的以太坊区块链编程

以太坊是一个全球性的区块链开放平台，开发人员能够在它上面建立和发布下一代去中心化的分布式应用。Web3是一组用来和本地或远程以太坊节点进行交互的JavaScript库，它可以使用HTTP或IPC建立与以太坊节点的连接。Brownie是一款基于Web3的智能合约开源框架。本章将着重介绍如何利用Python版本的Web3提供的API与以太坊节点进行交互，同时介绍如何利用Brownie框架提供的丰富的控制台命令在以太坊平台进行智能合约的部署和维护。

5.1 Web3.py简介

Web3.py是一个用于与以太坊进行交互的第三方Python库，它通常在去中心化应用中用来实现发送交易、与智能合约进行交互、读取区块数据等操作，以及应用于其他区块链事务场景。

Web3.py最初的API是从Web3派生而来的，随后向满足Python开发人员的需求和提高易用性方向逐渐发展起来。该库依赖于与以太坊节点的连接，通常将这些连接称为Providers，且有不同方法可以对Providers进行配置，具体细节可以参阅其官方网站（地址参见本书附带的电子资源）上的相关文档。

Web3.py的安装可以使用pip命令来实现（建议在VirtualEnv中进行，以免与原有系统的版本发生冲突）。打开Anaconda控制台，执行以下命令即可进行在线安装，若无出错信息，则表明安装成功。

```
pip install web3
```

5.2 基于Web3.py的以太坊编程交互

利用Web3.py提供的丰富API，我们可以通过Python语言很方便地实现与以太坊平台的连接和编程交互。

5.2.1 以太坊节点连接

在利用 Web3.py 提供的 API 与以太坊进行交互之前，我们需要在 Anaconda 控制台中执行 ganache-cli 命令，以启动前文介绍的本地以太坊私有网络。对于本地运行的节点，使用 IPC 连接是很安全的选择，但是 HTTP 和 WebSocket 配置也可用。默认情况下，Geth 使用公开端口 8545 来响应 HTTP 请求，使用公开端口 8546 来响应 WebSocket 请求。以下示例代码将展示通过几种不同方式实现对本地区块链节点的连接。

```
>>> from web3 import Web3
# IPCProvider:
>>> w3 = Web3(Web3.IPCProvider('./path/to/geth.ipc'))
# HTTPProvider:
>>> w3 = Web3(Web3.HTTPProvider('http://127.0.0.1:8545'))
# WebsocketProvider:
>>> w3 = Web3(Web3.WebsocketProvider('ws://127.0.0.1:8546'))
>>> w3.isConnected()
True
```

5.2.2 Web3.py 核心对象 API 简介与编程示例

与 Web3.py 进行交互的共同入口是 Web3 对象及其附属的其他关联对象，例如 Web3.eth、Web3.geth、Web3.net 等。下面通过一些示例代码来阐述如何通过这些核心对象与以太坊区块链进行编程交互。

1. Web3 对象

Web3 对象提供编码、解码、地址格式验证、哈希计算、货币单位转换等主要函数和方法，以及用于返回 API 版本号和客户端版本等相关信息的属性等。

以下为 Web3 对象 API 应用的部分示例代码。

```
>>> from web3 import Web3        #导入 Web3
>>> w3 = Web3(Web3.HTTPProvider('http://127.0.0.1:8545')) #使用 HTTP 连接本地节点
>>> w3.api                       #输出 API 版本号
'5.18.0'
>>> w3.clientVersion             #输出所用客户端的版本信息
'EthereumJS TestRPC/v2.13.2/ethereum-js'
'''
Web3.toHex()：接收各种输入并以其十六进制形式返回。它遵循 JSON-RPC 规范中将数据转换为十六进制形式的规则。文本使用 UTF-8 编码。
'''
```

```
>>> Web3.toHex(1)
'0x1'
>>> Web3.toHex(0x0)
'0x0'
>>> Web3.toHex(0x000F)
'0xf'
>>> w3.toHex(text="polaris")
'0x706f6c61726973'
'''
Web3.toText(): 接收各种输入并返回其等价字符串。文本使用 UTF-8 解码。
'''
>>> web3.toText('0x706f6c61726973')
'polaris'
>>> web3.toText(text="polaris")
'polaris'
'''
Web3.toBytes(): 接收各种输入并返回其等效字节。文本使用 UTF-8 编码。
'''
>>> Web3.toBytes(0)
b'\x00'
>>> Web3.toBytes(0x000F)
b'\x0f'
>>> Web3.toBytes(b'')
b''
>>> Web3.toBytes(b'\x00\x0F')
b'\x00\x0f'
>>> Web3.toBytes(False)
b'\x00'
>>> Web3.toBytes(True)
b'\x01'
'''
Web3.toInt(): 接收各种输入并返回其等效整数。
'''
>>> Web3.toInt(0)
0
>>> Web3.toInt(0x000F)
15
>>> Web3.toInt(b'\x00\x0F')
15
>>> Web3.toInt(False)
0
>>> Web3.toInt(True)
1
>>> Web3.toInt(hexstr='0x000F')
15
>>> Web3.toInt(hexstr='000F')
```

```
15
'''
```

Web3.toWei(value, currency)：将给定值转换为以 Wei 为货币单位的值并返回。

```
'''
>>> web3.toWei(1, 'ether')
1000000000000000000
'''
```

Web3.fromWei(value, currency)：将给定值（单位：Wei）转换为指定货币单位的值并返回。该值以十进制形式返回，确保精确到最低位。

```
'''
>>> w3.fromWei(1000000000000000000, 'ether')
Decimal('1')
'''
```

Web3.isAddress(value)：如果 Value 值是可识别的地址之一，则返回 True。允许以 0x 作为开头和不以任何符号作为开头的值。如果地址包含大小写字符，此函数还会根据 EIP-55 检查校验和地址是否有效。

```
'''
>>> w3.isAddress('0xd3CdA913deB6f67967B99D67aCDFa1712C293601')
True
'''
```

Web3.isChecksumAddress(value)：如果是有效的 EIP-55 校验和地址，则返回 True。

```
'''
>>> Web3.isChecksumAddress('0xd3CdA913deB6f67967B99D67aCDFa1712C293601')
True
>>> Web3.isChecksumAddress('0xd3cda913deb6f67967b99d67acdfa1712c293601')
False
'''
```

Web3.toChecksumAddress(value):返回 value 的 EIP-55 校验和地址。

```
'''
>>> Web3.toChecksumAddress('0xd3cda913deb6f67967b99d67acdfa1712c293601')
'0xd3CdA913deB6f67967B99D67aCDFa1712C293601'
'''
```

Web3.keccak()：返回给定值的 Keccak-256 值。文本在计算哈希值之前使用 UTF-8 编码。以下任何一项均有效且等效。

```
'''
>>> Web3.keccak(0x747874)
>>> Web3.keccak(b'\x74\x78\x74')
>>> Web3.keccak(hexstr='0x747874')
>>> Web3.keccak(hexstr='747874')
>>> Web3.keccak(text='txt')
HexBytes('0xd7278090a36507640ea6b7a0034b69b0d240766fa3f98e3722be93c613b29d2e')
'''
```

Web3.solidityKeccak(abi_types, value):返回 Keccak-256 值，它将由 solidityKeccak()函数通过对提供的 value 和 abi-types 进行计算获得

```
'''
>>> Web3.solidityKeccak(['bool'], [True])
HexBytes("0x5fe7f977e71dba2ea1a68e21057beebb9be2ac30c6410aa38d4f3fbe41dcffd2")
```

```
>>> Web3.solidityKeccak(['uint8', 'uint8', 'uint8'], [97, 98, 99])
HexBytes("0x4e03657aea45a94fc7d47ba826c8d667c0d1e6e33a64a036ec44f58fa12d6c45")
>>> Web3.solidityKeccak(['uint8[]'], [[97, 98, 99]])
HexBytes("0x233002c671295529bcc50b76a2ef2b0de2dac2d93945fca745255de1a9e4017e")
>>> Web3.solidityKeccak(['address'], ["0x49EdDD3769c0712032808D86597B84ac5c2F5614"])
HexBytes("0x2ff37b5607484cd4eecf6d13292e22bd6e5401eaffcc07e279583bc742c68882")
>>> Web3.solidityKeccak(['address'], ["ethereumfoundation.eth"])
HexBytes("0x913c99ea930c78868f1535d34cd705ab85929b2eaaf70fcd09677ecd6e5d75e9")
```

2. Web3.eth 对象

Web3.eth 对象公开了诸多属性和方法，以与 eth 命名空间下的 RPC API 进行交互。通常，当属性或方法返回键（Key）到值（Value）的映射时，它将返回一个 AttributeDict 对象，其作用类似于 Python 字典对象，但可以将键作为属性访问，且不能修改其字段。Web3.eth 对象 API 与以太坊端点进行交互的示例代码如下。

```
>>> block=w3.eth.get_block("latest")
AttributeDict({
'number': 0,
'hash': HexBytes('0x276693dd9333809aabd9002f72517d1e102caad225bf93e02efef7fd8c8676cd'), 'parentHash': HexBytes('0x0000000000000000000000000000000000000000000000000000000000000000'), 'mixHash': HexBytes('0x0000000000000000000000000000000000000000000000000000000000000000'),
# … etc. …
})
>>> block["number"]
0
>>> block.number=12345
Traceback # … etc. …
TypeError: This data is immutable -- create a copy instead of modifying
>>> w3.eth.default_account #默认以太坊交易地址
<web3._utils.empty.Empty object at 0x000001132513B910>
>>> w3.eth.syncing #如果节点未同步，则返回 False，或者返回显示同步状态的字典
False
>>> w3.eth.coinbase #返回当前的 Coinbase 地址
'0xE8f68564727047F383D52f0FaE9392aD1831469d'
>>> w3.eth.mining #返回关于节点当前是否正在挖矿的布尔值
True
>>> w3.eth.gas_price #返回当前以 Wei 为单位的 Gas 价格
20000000000
>>> w3.eth.accounts #返回当前已知账户的列表。此处显示的是 Ganache 本地区块链默认的 10 个账户
['0xE8f68564727047F383D52f0FaE9392aD1831469d', '0x9C5268664dcaE2e87c39Fe0525A0B832a48d3B5A', '0xF3478834D28D66A36ED64B466c977610DC3b2604', '0xFf3165e514b7A7C2d5c5Eb5080E7c872fF702523', '0x5a71850c2873dF95e83a9061872700DBF48Db901', '0x43858510E29984b74C8a909652A52647509DCA28', '0xaB8f8d70aD618104B9ba110EBB61e849168eC421', '0x5C471D291ceB304A7aB73899FAc04B27B99BC8e0', '0xc7D386Ff4735f275b4BCC56CCdefD14d0DF8553E', '0x190eCDE171da29944F60427f5fD9a4574281CE7f']
```

```
>>> w3.eth.protocol_version #返回当前以太坊协议版本的 ID。
'63'
'''

Eth.get_balance(account, block_identifier=eth.default_block)：返回给定账户在标识符指定的区块上的余额。账户可以是校验和地址或名称
'''
>>> w3.eth.get_balance('0xE8f68564727047F383D52f0FaE9392aD1831469d')
100000000000000000000
'''

Eth.send_transaction(transaction):签署并发送指定的交易
'''
>>>w3.eth.send_transaction({'to':   '0xd3CdA913deB6f67967B99D67aCDFa1712C293601',
'from': w3.eth.coinbase, 'value': 12345})
HexBytes('0x945e2f336e00a9b466a2428ce2011d513cb1cbdf09884e4d8ed1449ea47a9edb')


'''
Eth.sign_transaction(transaction)：返回已由节点的私钥签名但尚未提交的交易，可以与 Eth.send_raw_transaction()方法一起提交
'''
>>> signed_txn = w3.eth.sign_transaction(dict(
    nonce=w3.eth.get_transaction_count(w3.eth.coinbase),
    gasPrice=w3.eth.gas_price,
    gas=100000,
    to='0xd3CdA913deB6f67967B99D67aCDFa1712C293601',
    value=1,
    data=b'',
    )
)
b"\xf8d\x80\x85\x040\xe24\x00\x82R\x08\x94\xdcTM\x1a\xa8\x8f\xf8\xbb\xd2\xf2\xae
\xc7T\xb1\xf1\xe9\x9e\x18\x12\xfd\x01\x80\x1b\xa0\x11\r\x8f\xee\x1d\xe5=\xf0\x87\x0e
n\xb5\x99\xed;\xf6\x8f\xb3\xf1\xe6,\x82\xdf\xe5\x97lF|\x97%;\x15\xa04P\xb7=*\xef
\t\xf0&\xbc\xbf\tz%z\xe7\xa3~\xb5\xd3\xb7=\xc0v\n\xef\xad+\x98\xe3'" # noqa: E501


'''
Eth.send_raw_transaction(raw_transaction)：发送已签名和序列化的交易。将交易哈希值作为 HexBytes 对象返回
'''
>>> signed_txn = w3.eth.account.sign_transaction(dict(
    nonce=w3.eth.get_transaction_count(public_address_of_senders_account),
    gasPrice=w3.eth.gas_price,
    gas=100000,
    to='0xd3CdA913deB6f67967B99D67aCDFa1712C293601',
    value=12345,
    data=b'',
  ),
  private_key_for_senders_account,
)
```

```
>>> w3.eth.send_raw_transaction(signed_txn.rawTransaction)
HexBytes('0xe670ec64341771606e55d6b4ca35a1a6b75ee3d5145a99d05921026d1527331')


'''
Eth.get_transaction(transaction_hash)：返回由 transaction_hash 指定的交易。如果交易尚未上链，则抛出 TransactionNotFound 异常
'''
>>> w3.eth.get_transaction \
('0x5c504ed432cb51138bcf09aa5e8a410dd4a1e204ef84bfed1be16dfba1b22060')
Traceback # … etc. …
web3.exceptions.TransactionNotFound:Transaction with hash:\
0x5c504ed432cb51138bcf09aa5e8a410dd4a1e204ef84bfed1be16dfba1b22060 not found.
'''
Eth.wait_for_transaction_receipt(transaction_hash, timeout=120, poll_latency=0.1):
返回 transaction_hash 指定的交易处理收据。若交易尚未上链，则抛出 TransactionNotFound 异常。如果响应中的 status 的值等于 1，则交易成功；如果等于 0，则以太坊虚拟机将还原交易
'''
>>> w3.eth.wait_for_transaction_receipt(\
'0x5c504ed432cb51138bcf09aa5e8a410dd4a1e204ef84bfed1be16dfba1b22060')
AttributeDict({
    'blockHash': '0x4e3a3754410177e6937ef1f84bba68ea139e8d1a2258c5f85db9f1cd715a1bdd',
    'blockNumber': 46147,
    'contractAddress': None,
    'cumulativeGasUsed': 21000,
    'from': '0xA1E4380A3B1f749673E270229993eE55F35663b4',
    'gasUsed': 21000,
    'logs': [],
    'logsBloom': '0x0000000000000000000000000000000000000000000000...0000',
    'status': 1,
    'to': '0x5DF9B87991262F6BA471F09758CDE1c0FC1De734',
    'transactionHash': '0x5c504ed432cb51138bcf09aa5e8a410dd4a1e204ef84bfed1be16df
ba1b22060',
    'transactionIndex': 0,
})
```

3．Web3.geth 对象

Web3.geth 对象公开了一些模块，这些模块使用户能够与 Geth 支持的 JSON-RPC 端点进行交互，示例代码如下。

```
>>> w3.geth.personal.list_accounts() #返回已知账户的列表
['0xE8f68564727047F383D52f0FaE9392aD1831469d', '0x9C5268664dcaE2e87c39Fe0525A0B
832a48d3B5A', '0xF3478834D28D66A36ED64B466c977610DC3b2604', '0xFf3165e514b7A7C2d5c5E
b5080E7c872fF702523', '0x5a71850c2873dF95e83a9061872700DBF48Db901', '0x43858510E29984
b74C8a909652A52647509DCA28', '0xaB8f8d70aD618104B9ba110EBB61e849168eC421', '0x5C471D
291ceB304A7aB73899FAc04B27B99BC8e0', '0xc7D386Ff4735f275b4BCC56CCdefD14d0DF8553E', '0x
190eCDE171da29944F60427f5fD9a4574281CE7f']
#在节点的密钥链中生成一个新账户，并用给定的密码短语加密。返回所创建账户的地址
```

```
>>> w3.geth.personal.new_account('the-passphrase')
'0x6334BE77d0F6583d53527717675D23CAEf9E1C6a'
#锁定指定账户
>>> w3.geth.personal.lock_account('0x6334BE77d0F6583d53527717675D23CAEf9E1C6a')
True
'''
解锁指定账户，持续时间以 s 为单位。如果持续时间参数为 None，则账户将保持解锁 300s（这是 Geth 1.9.5 当前的默认值）；如果持续时间参数设置为 0，则账户将无限期地保持解锁状态。返回有关账户是否已成功解锁的布尔值
'''
>>>w3.geth.personal.unlock_account('0x6334BE77d0F6583d53527717675D23CAEf9E1C6a',\
    'wrong-passphrase',60) #以错误的密码解锁指定账户，返回出错信息
Traceback # … etc. …
ValueError: {'message': 'Invalid password', 'code': -32000, 'data': {}}
>>>w3.geth.personal.unlock_account('0x6334BE77d0F6583d53527717675D23CAEf9E1C6a',\
   'the-passphrase',60) #以正确密码解锁账户
True
```

4．Web3.geth.miner 对象

该对象公开了与 Geth 客户端支持的 miner 命名空间下的 RPC API 交互的方法，示例代码如下。

```
>>> w3.geth.miner.start(4)       #使用给定的线程数（例如 4），启动 CPU 挖矿进程
True
>>> w3.geth.miner.stop()         #停止 CPU 挖矿操作
True
>>>
```

5．Web3.net 对象

Web3.net 对象公开了与 net 命名空间下的 RPC API 交互的方法，示例代码如下。

```
>>> w3.net.listening            #如果客户端正在主动监听网络连接，则返回 True
True
>>> w3.net.peer_count           #返回当前连接到客户端的节点数
1
>>> w3.net.version              #返回当前网络 ID
'1622283546057'
```

5.2.3　基于 Web3.py API 的综合应用示例

基于上述对 Web3.py 主要 API 功能的介绍，我们可以实现一个较为复杂的程序，其主要功能是通过发送交易将我们需要存储的数据保存到区块中，然后通过挖矿进行数据上链，同时显示交易账户余额、整个区块链中的区块总数及所有区块的哈希值等相关信息。示例

代码（文件名为“saveDataOnBlock.py”）如下。

```
import sys
from web3 import Web3, HTTPProvider
from web3.eth import Eth

w3 = Web3(HTTPProvider('http://localhost:8545'))      #初始化区块链节点连接
eth = Eth(w3)
accounts = w3.eth.accounts                              #获取本地区块链的所有账户

#定义一个十六进制字符串格式化输出函数
def bytesToHexString(bs):
   return ''.join(['%02x' % b for b in bs])

def saveDataOnBlock(data):
    #检查是否连接成功
    if w3.eth.getBlock(0) is None:
        print("Blockchain connect failed! ")
    elif w3.isConnected():
        print("Blockchain connected successfully! ")

    #读取账户余额
    balance = w3.eth.getBalance(accounts[0],'latest')
    print('balance before tx => {0}'.format(balance))

    data_into_block=Web3.toHex(text=data)
    #设置交易，从节点第1个账户向第2个账户转500Wei
    payload = {
        'from': accounts[0],
        'to': accounts[1],
        'value': 500,
        'data':data_into_block
    }
    #向以太坊节点提交交易，以太坊节点将返回该交易的哈希值
    tx_hash = w3.eth.sendTransaction(payload)
    print('tx hash => {0}'.format(Web3.toHex(tx_hash)))
    '''
    发送完交易之后必须进行挖矿才能真正完成记账，其实就是把以太坊当成“账本”，任何变动都需要记账，
    记账的实现方式就是挖矿。
    '''
    w3.geth.miner.start(2)  #启动2个CPU挖矿进程进行挖矿，因为是在本地测试链上，所以速度很快
    w3.geth.miner.stop()    #停止挖矿，同时实现数据上链

    #读取交易后的账户余额（Ganache是实时完成交易的，所以可以立刻看到交易完成，余额发生变化）
```

```
    balance = w3.eth.getBalance(accounts[0],'latest')
    print('balance after tx => {0}'.format(balance))

    trans_result=w3.eth.get_transaction(tx_hash)#获取交易返回的详细信息
    print('Block Hash:',bytesToHexString(trans_result['blockHash']))
    print('Block Number:',trans_result['blockNumber'])
    print('Transaction Index:',trans_result['transactionIndex'])
    print('Input Data:',w3.toText(trans_result['input'])) #显示刚上链的原始数据信息

    count=0
    block_num=w3.eth.getBlock('latest').number   #获取最新的区块号
    for i in range(block_num):
        try:
            blockn=w3.eth.getBlock(i)              #获取指定区块的信息
            print("Block",str(i)," hash:",bytesToHexString(blockn.hash))
            count+=1
        except:
            print('No more blocks in current blockchain.')
            break
    print('\n{0} blocks in current blockchain.'.format(count))

if __name__=="__main__":
    if(len(sys.argv)!=3):
        print("Wrong parameters! Usage Example: python saveDataOnBlock.py -d 'Sample
        Data'")
        exit(0)
    data=sys.argv[2]
    saveDataOnBlock(data)
```

上述示例代码每运行一次都会因为挖矿操作而增加一个新的区块。以下显示的结果为其运行 7 次后所输出的信息。

```
D:\>python saveDataOnBlock.py -d "data saved @block 7."
Blockchain connected successfully!
balance before tx => 99997401279999997000
tx hash => 0x7d944a8793bbb680f59baccc478bb7764826b51de6bec892bef8d62f355e6582
balance after tx => 99996974879999996500
Block Hash: 4747af164237dbfa0d72ee906d3af5c0f5447ee729c8a781d99bcf2d09a33e9a
Block Number: 7
Transaction Index: 0
Input Data: data saved @block 7.
Block 0  hash: 8ddd36060af9af2630487e5d7b55149c65298ac97b20d7bbde95d01b0ffec0a3
Block 1  hash: 5c7409d1c87edeaadb8f167b8928c371de49ba23ac1b64c2bb384659a064486c
Block 2  hash: 70187ef034780de20718fe9edde5589ccc2da0d688bb4c775dd447e319bcb9b8
Block 3  hash: 35d777b445dee831dbb701011200b6c540f9c203f37bd13759e26270c653228c
Block 4  hash: 43b95d8f8dc6b2eae2bacee2ff931698dc055bedc3d12cc6f6b76a87eb8803fd
```

```
Block 5  hash: 82aedcc96b84a0b681ddf8b927e159d3f6a80d5268aabb27667b2f4ec16dd7d0
Block 6  hash: b5d5ae4d3ef045cb99fe2f922f81acd26c5d3990547b28e3b73736331fe9da6b

7 blocks in current blockchain.
```

数据上链后，我们也可以通过读取区块的交易信息来获取数据。以下示例代码（文件名为“getTransactionData.py”）演示了如何从指定区块中读取我们在上一个示例中保存的附加数据。

```
import sys
from web3 import Web3, HTTPProvider
from web3.eth import Eth

def getBlockData(blockNumber):
    w3 = Web3(HTTPProvider('http://localhost:8545')) #初始化区块链节点连接
    eth = Eth(w3)
    accounts = w3.eth.accounts

    # 检查是否连接成功
    if w3.eth.getBlock(0) is None:
        print("Blockchain connect failed! ")
    elif w3.isConnected():
        print("Blockchain connected successfully! ")

    block=w3.eth.get_block(blockNumber)
    trans=w3.eth.get_transaction(block["transactions"][0])
    print(w3.toText(trans.input))

if __name__=="__main__":
    if(len(sys.argv)!=3):
        print("Wrong parameters! Usage Example: python getTransactionData.py -n 2")
        exit(0)
    n=eval(sys.argv[2])
    getBlockData(n)
```

运行代码，结果如下。

```
D:\Dev\testcodes>python getTransactionData.py -n 7
Blockchain connected successfully!
data saved @block 7.
```

5.3 智能合约简介

在区块链技术中，有一个非常重要的概念，那就是智能合约。智能合约这个概念是由计算机科学家、“加密大师”尼克·绍博（Nick Szabo）于1995年提出来的。他在发表于自己的网站上的几篇文章中提到了智能合约的理念，定义如下：“智能合约是一套以数字形式定义的承诺（Commitment），合约参与方可以在智能合约上执行这些承诺所对应的的协议。”

区块链技术不仅可编程，而且具有去中心化、不可篡改、过程透明、可追溯等特点，天然适用于智能合约。因此，也可以说，智能合约是区块链技术的特性之一。作为以太坊区块链系统的一部分，智能合约在2013年首次出现。从某种程度而言，智能合约是以太坊区块链的“灵魂”。从技术上而言，智能合约是“生存”于区块链之上的后端服务代码，一旦部署完成，外部应用可以调用其中的函数和代码来执行任务，并通过共识协议在区块链上记录结果。

在区块链的智能合约里，双方设定好某个条件，当该条件被满足时，就会触发系统自动执行某个任务，例如付款、扣款、发货等。实际上，在我们的日常生活中，经常会遇到各种系统中类似的“智能合约”。例如，将个人或家庭的水费、电费、燃气费、电话费等，绑定在某个银行账户上，缴费时间到后，不同供应商就会按事先的“约定”自动把款项从指定银行账户扣除。若遇余额不足，系统会主动提醒，以避免用户违约。

基于区块链的智能合约的构建和执行通常有以下几个步骤：首先，由多方用户共同参与制定一份智能合约；然后，智能合约通过P2P网络扩散并存入区块链；最后，在区块链上部署完成的智能合约将会自动执行。

目前，编写智能合约的常用编程语言是Solidity，它是一种与JavaScript语法非常接近的面向对象编程语言，用其编写的智能合约运行在以太坊虚拟机之上。因为该编程语言不属于本书重点，故不做更深入的介绍，读者可自行参考相关图书资料进行学习。

以下为一个智能合约版本的“Hello World!”示例，其Solidity代码如下。

```
pragma solidity ^0.5.0;               //版本声明
/*智能合约主体定义*/
contract Greeter {
   string public greeting;            //全局变量
   constructor() public {             //构造器
      greeting = 'Hello World!';      //变量初始化
    }
   function setGreeting(string memory _greeting) public {
   //函数定义，用于设置问候语
      greeting = _greeting;
    }
   function greet() view public returns (string memory) {
   //函数定义，用于返回问候语
      return greeting;
    }
 }
```

上面这个示例很简单，定义了一个用于设置和输出问候语的智能合约，主要函数和变量的定义一目了然。因为 Solidity 语法特性与 JavaScript 非常相似，因此其代码可读性很强，读者即使不了解 Solidity 语法，也可以轻松读懂上述示例代码。

5.4 智能合约在线 IDE

智能合约在部署前需要进行编译，以生成合约初始化所需的应用程序二进制接口（Application Binary Interface，ABI）、合约地址（Address）、合约的字节码（Bytecode）等。其中，ABI 是一个基于 JSON 的组件，被区块链用于执行远程函数调用。如果读者非常熟悉 API，就能很容易地理解 ABI。简而言之，API 是用于程序与程序互动的接口，这个接口包含提供给外部程序所需的函数、方法、变量等；ABI 也是用于程序间互动的接口，但程序是被编译后的二进制代码（Binary Code），所以接口中传递的是二进制格式的信息。因此，ABI 就是描述如何编码、解码程序间传递的二进制信息。

对智能合约进行编译的工具有很多，本书将介绍的是两个在线集成开发环境（Integrated Development Environment，IDE），包括 Remix 和 BUIDL。使用在线 IDE 的优势之一为：无论是区块链技术的初学者还是高级用户，通过这些在线 IDE 提供的简洁界面和各种功能，都可以降低区块链开发的复杂性和学习成本，使得开发者可以专注于编码，而无须下载任何软件进行安装和配置。而且这些在线 IDE 既可以将用户开发的去中心化应用部署到本地测试区块链系统上，也可以直接部署到正在运行的公共区块链上。

5.4.1 Remix

Remix 可以让用户很方便地在线编写智能合约，不需要安装或设置开发环境，它还提供线上代码调试、静态分析及合约部署等的相关工具。

打开 Remix 官方网站（其地址参见本书附带的电子资源）即可显示图 5-1（a）所示的 IDE 页面。其中左侧几个图标表示 IDE 的主要功能区域，从上到下分别为“File explorers”“Solidity compiler”“Deploy & run transactions”“Solidity static analysis”“Solidity unit testing”。单击左侧文件区域的示例文件即可打开如图 5-1（b）所示的右侧文件编辑区域和控制台区域。

基于 Remix 的智能合约在线编译和部署

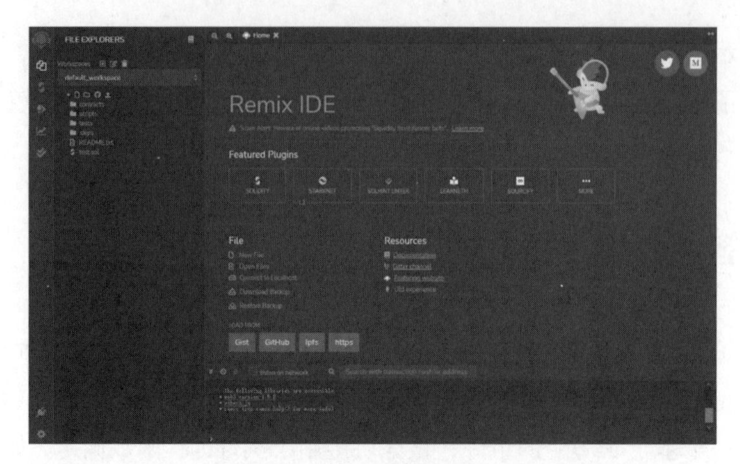

（a）IDE 页面

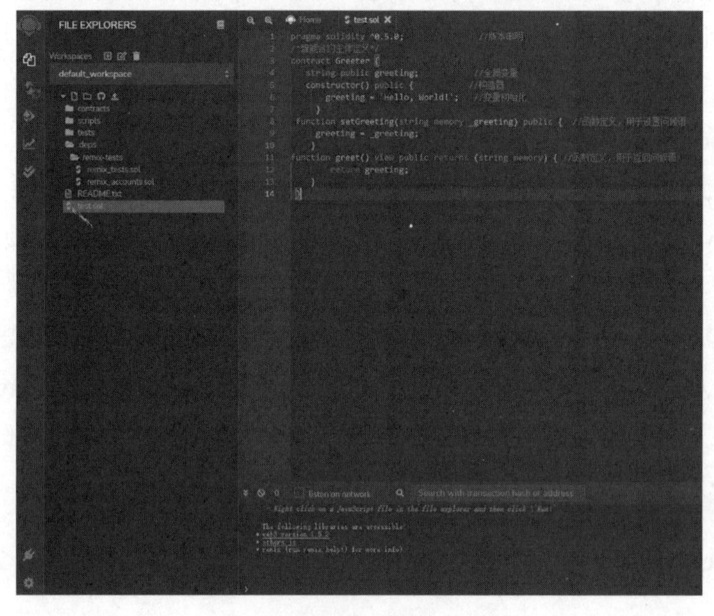

（b）Remix 文件编辑页面

图 5-1　在线 Remix IDE 页面

1．创建新合约文件

单击“File explorers”功能图标，打开文件区域。在该区域可以通过单击不同的图标来实现新建文件或文件夹、打开本地硬盘上存储的文件、发布文件到 GitHub 上等不同操作。

假设新建的合约文件为“test.sol”，其内容与 5.3 节的示例代码相同。在右侧文件编辑区域输入该示例代码即可完成合约文件的创建。

2．编译合约文件

合约文件创建完成后，切换到“Solidity compiler”功能区域。单击如图 5-2 所示的“Compile test.sol”按钮，可以对刚创建好的合约文件进行在线编译。若合约文件中存在语法错误，则在右下方的控制台中会输出相关的错误信息，并在右上方的文件编辑区域用红色条块标识出有语法错误语句的位置。若无任何出错信息，则编译页面如图 5-2 所示。其中“Solidity compiler”图标提示“compilation successful”，且图标右下角出现绿色的“√”。

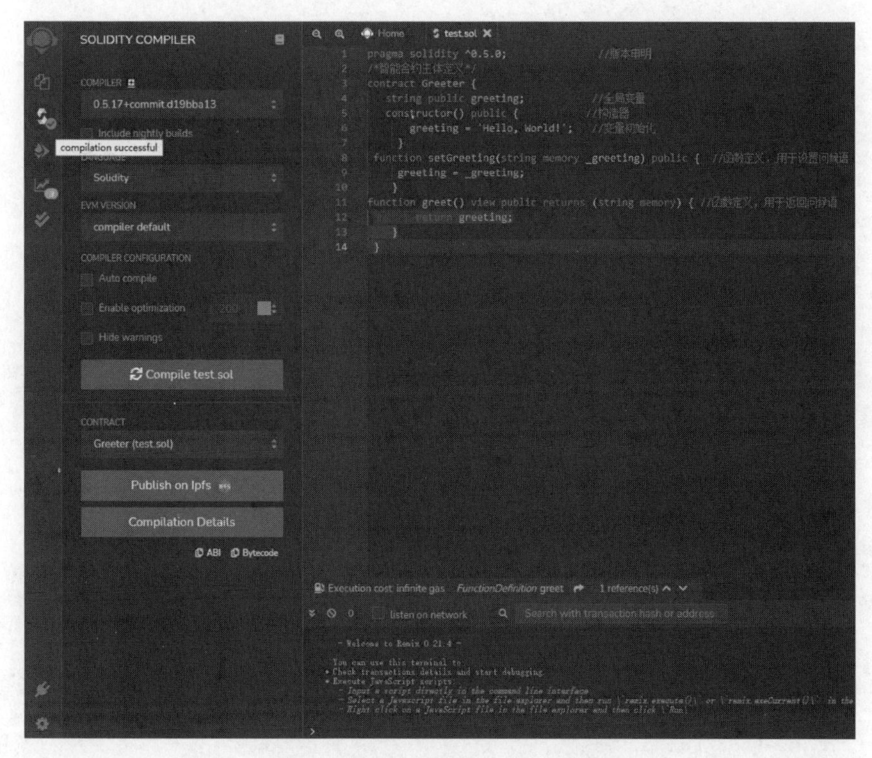

图 5-2　合约文件编译成功页面

合约文件编译成功后，我们可以用多种方式去获取该智能合约的 ABI 和 Bytecode。第一种为手动方式，操作很简单，直接单击“Solidity compiler”功能区域左下角对应标签为 ABI 和 Bytecode 的两个图标即可复制相应内容。将这些内容以 JSON 格式保存在文件中，并将文件命名为“test.json”。其中，ABI 内容如下。

```
[
 {
     "inputs": [],
     "payable": False,
     "stateMutability": "nonpayable",
     "type": "constructor"
 },
 {
     "constant": True,
     "inputs": [],
     "name": "greet",
     "outputs": [
         {
```

```
            "internalType": "string",
            "name": "",
            "type": "string"
        }
    ],
    "payable": False,
    "stateMutability": "view",
    "type": "function"
},
{
    "constant": True,
    "inputs": [],
    "name": "greeting",
    "outputs": [
        {
            "internalType": "string",
            "name": "",
            "type": "string"
        }
    ],
    "payable": False,
    "stateMutability": "view",
    "type": "function"
},
{
    "constant": False,
    "inputs": [
        {
            "internalType": "string",
            "name": "_greeting",
            "type": "string"
        }
    ],
    "name": "setGreeting",
    "outputs": [],
    "payable": False,
    "stateMutability": "nonpayable",
    "type": "function"
}
]
```

Bytecode 内容如下（文件内容很多，限于篇幅，删减了每个字段的部分数据内容）。

```
{
    "linkReferences": {},
    "object": "608060405234801561001057600080fd5b506040518060400160405280600c8152
6020017f48656c6c6f20576f726c64210000000000000000000000000000000000000000815250600090
80519060200190610 05c929190610062565b50610107565b828054600181600116156101000203166002
```

```
900490600052602060002090601f01602090048101f3fe608060405234801561001057600080fd5b5060
04361061004157600035 60e01c8063a413686214610046578063cfae32178205b10c0fb056a9d41b075b
93a13dbcc0df92af5329af7bd406d8c07cf8aec496064736f6c63430005110032",
        "opcodes": "PUSH1 0x80 PUSH1 0x40 MSTORE CALLVALUE DUP1 ISZERO PUSH2 0x10 JUMPI
PUSH1 0x0 DUP1 REVERT JUMPDEST POP PUSH1 0x40 MLOAD DUP1 PUSH1 0x40 ADD PUSH1 0x40 MSTORE
DUP1 PUSH1 ……T SWAP1 JUMP INVALID LOG2 PUSH6 0x627A7A723158 KECCAK256 JUMPDEST LT 0xC0
0xFB SDIV PUSH11 0x9D41B075B93A13DBCC0DF9 0x2A CREATE2 ORIGIN SWAP11 0xF7 0xBD BLOCKHASH
PUSH14 0x8C07CF8AEC496064736F6C634300 SDIV GT STOP ORIGIN ",
        "sourceMap":  "82:436:0:-;;;156:105;8:9:-1;5:2;;;30:1;27;20:12;5:2;156:105:0;
208:25;;;;;;;;;;;;;;;;;;:8;;:25;;;;;;;;;;;;;:::i;:::-;;82:436;;;;;;;;;;;;;;;;;;;;;;;;;;;;
;;;;;;;;;;;;;;;;;;;;;;;;;;;;;;;;;;;;;;;;;;;;;;;;;;;;;;;;;;;;;;;;;;;;;;;:::i;:::-;;;;::
:o;:::-;;;;;;;;;;;;;;;;;;;;;;;;;;;;;;;;;:::o;:::-;;;;;;;;"
    }
```

我们真正关心的是 Bytecode 中的 object 字段对应的值，这部分内容才是部署合约时要用到的以太坊虚拟机可识别的 Bytecode，即构建智能合约所需的 Bytecode。

另一种获取 ABI 和 Bytecode 的方式更为简单，因为在合约文件编译成功的同时，Remix 会自动生成两个与合约文件名称相近的 JSON 文件。例如，示例代码中的合约名称为 Greeter，单击“File explorers”图标，打开文件区域，则可发现在 contracts/artifacts 目录下多出了两个自动生成的文件，分别为 Greeter_metadata.json 和 Greeter.json，如图 5-3 所示。单击这两个文件即可查看其中的内容。其中 Greeter.json 文件包含所有的信息，包括 ABI 和 Bytecode。Greeter_metadata.json 文件，也就是合约的元数据文件，则包含 ABI 的 JSON 字符串及 IDE 版本、编写合约的编程语言等信息。Bytecode 在 Greeter.json 中的 data.bytecode.object 字段中，如图 5-3 所示。

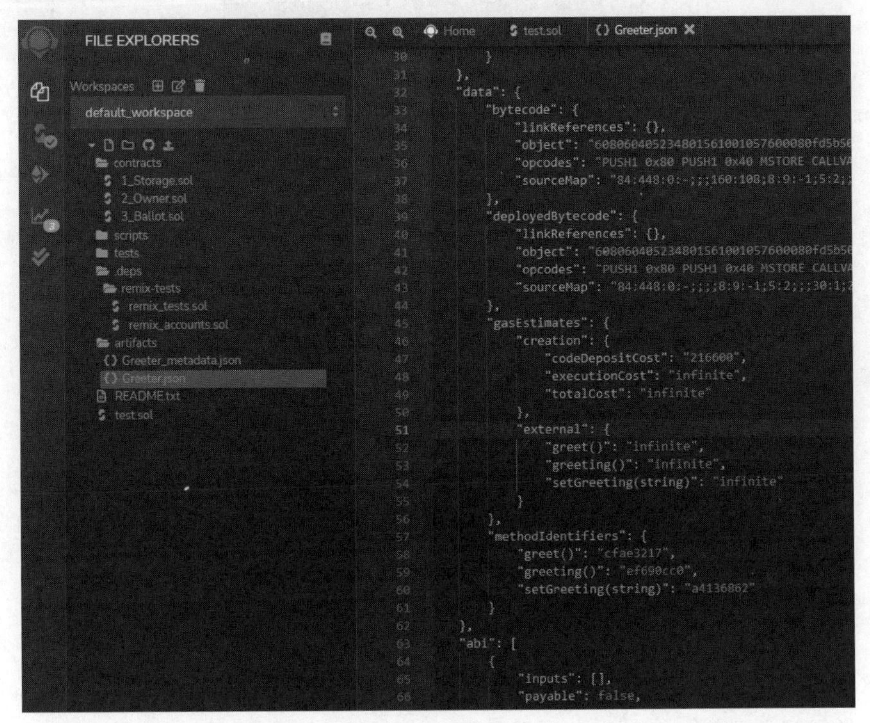

图 5-3　合约编译成功后自动生成的包含 ABI 和 Bytecode 的 JSON 文件

3. 部署智能合约

合约编译成功后，我们可以将其部署在公共区块链上。为了节省时间和部署实际应用所需的费用，我们可以在本地区块链上进行部署和测试。因此，在部署之前，我们需要启动本地以太坊私有网络。本地以太坊私有网络的搭建和启动相关的内容在4.4.2小节已有详细说明，此处不赘述。

启动本地区块链系统后，单击“Deploy & run transactions”图标，打开合约部署与交易运行区域。该区域中会出现诸多配置选项，“ENVIRONMENT”选项中，选择“Web3 Provider”；“ACCOUNT”选项中，选择本地私有链提供的其中一个账户即可，如图5-4所示。单击“Deploy”按钮，即可开始部署合约，部署成功后，会在该区域中最下方生成该合约的地址，单击旁边的“Copy”按钮，即可复制其内容，我们需要将复制的内容保存在一个JSON文件中，例如之前手动创建的test.json文件，该文件在后续的编程中需要用到。

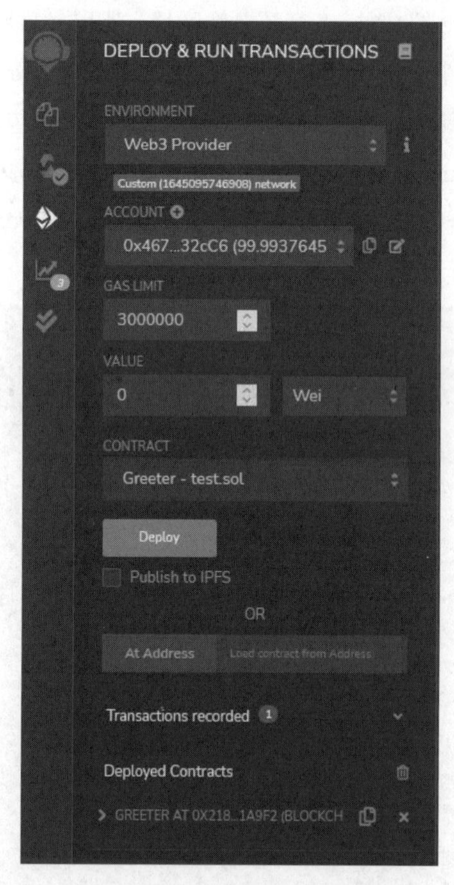

图5-4 合约部署与交易运行界面

在Remix IDE页面右下部分的控制台输出和Geth的日志文件中，都可看到私有链中新产生了一笔交易。其中，Remix控制台的输出内容如下。

```
[block:1 txIndex:0]
from: 0x467...32cC6
to: Greeter.(constructor)
value: 0 wei
data: 0x608...10032
logs: 0
hash: 0x4a9...b7990
```

4．调试合约

合约部署完成后，单击所生成的合约地址左边的横向小箭头即可展开合约进行调试。展开的合约区域中会显示在合约文件中定义的函数及变量，例如示例合约文件中的setGreeting()函数、greet()函数及变量 greeting 等，如图 5-5 所示。

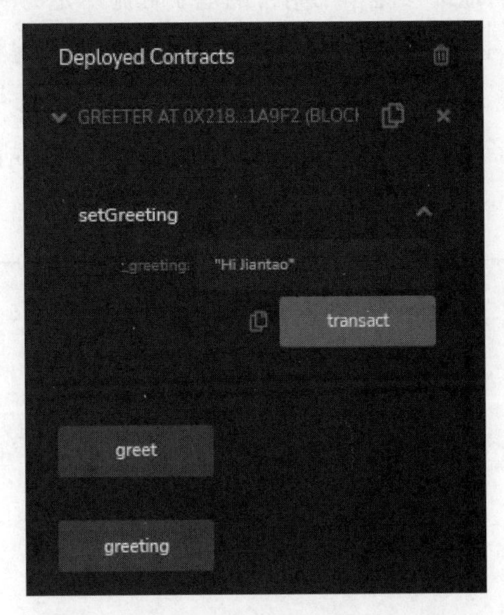

图 5-5　合约文件中定义的函数及变量

单击“greeting”按钮，即可查看该变量的初始化赋值，此处为“Hello World!”。单击“greet”按钮，即可调用合约中的 greet()函数，此处也会输出“Hello World!”。同时，在 Remix 控制台中会生成一条交易信息，内容如下。

```
[call]
from:0x46745d0Aa853764c9220cd99d66D78cA5fC32cC6
to: Greeter.greet()
data: 0xcfa...e3217
```

在“setGreeting”按钮下方输入其他字符串，例如“Hi,Jiantao!”，然后单击“transact”按钮，即可通过调用 setGreeting()函数设置新的问候字符串。同时，在 Remix 控制台中生成一条交易信息，内容如下。

```
[block:2 txIndex:0]
from: 0x46745d0Aa853764c9220cd99d66D78cA5fC32cC6
to: Greeter.setGreeting(string) 0x218...1a9f2
value: 0 wei
data: 0xa41...00000
logs: 0
hash: 0xe40...1f7c4
```

调用 setGreeting()函数设置新的问候字符串之后，再重新单击“greeting”和“greet”按钮，即可发现变量的值及函数调用结果都发生了相应的变化。

5.4.2 BUIDL

BUIDL（官方网站的地址参见本书附带的电子资源）是另一款常用的智能合约在线 IDE，在目前几乎所有的主流浏览器上都可使用。BUIDL 为创建和部署端到端的区块链应用提供了完整的编程环境，如图 5-6 所示。开发者可以在 BUIDL 中创建一个完整的区块链应用，包括从后端的智能合约到前端的 HTML 页面，以及中间的所有东西，包括 CSS 文件、JavaScript 脚本等。

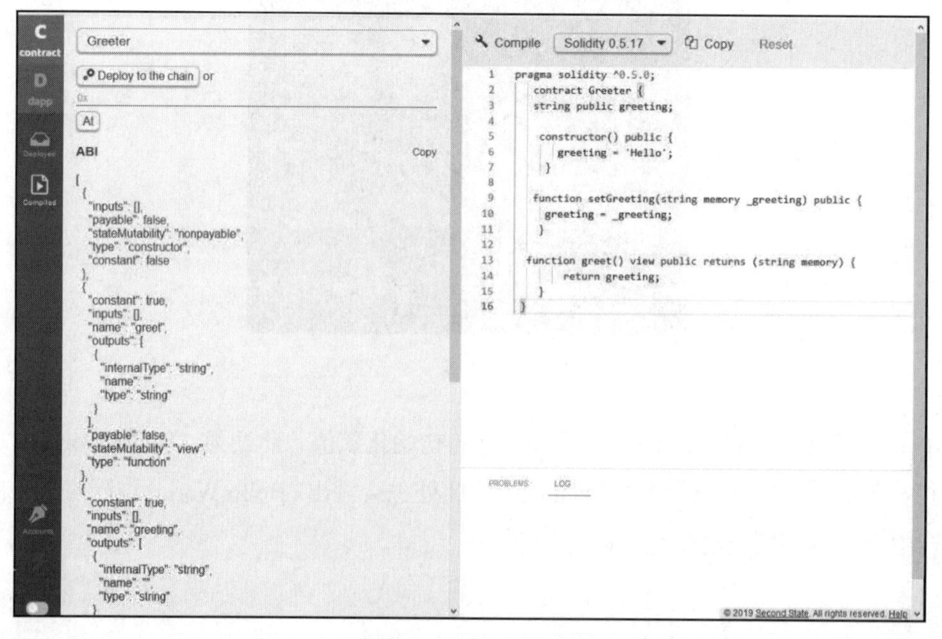

图 5-6 BUIDL 在线 IDE

打开浏览器，加载 BUIDL，我们就可以看到一个简单的智能合约示例，如图 5-7 所示。该合约只在区块链上存储一个数字，并通过调用其中的 set()和 get()函数来设置或查看新存储的数字。

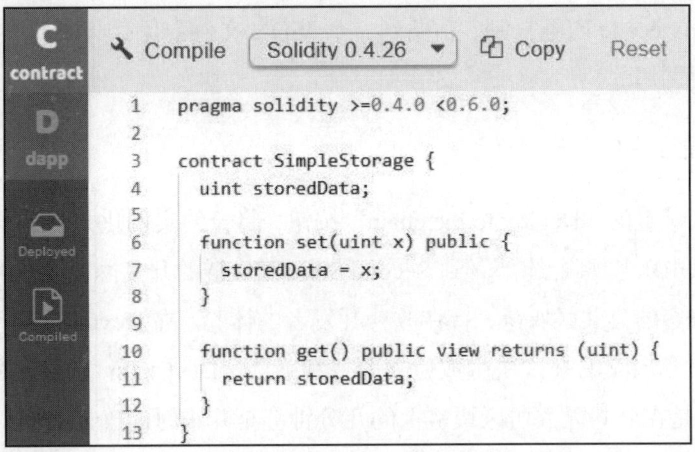

```
Compile   Solidity 0.4.26   Copy   Reset
1  pragma solidity >=0.4.0 <0.6.0;
2
3  contract SimpleStorage {
4    uint storedData;
5
6    function set(uint x) public {
7      storedData = x;
8    }
9
10   function get() public view returns (uint) {
11     return storedData;
12   }
13 }
```

图 5-7　简单的智能合约示例

1．编译合约文件

单击“Compile”按钮，编译上述智能合约示例，这将打开左侧的一个区域并显示编译生成的 ABI 和 Bytecode，如图 5-8 所示。

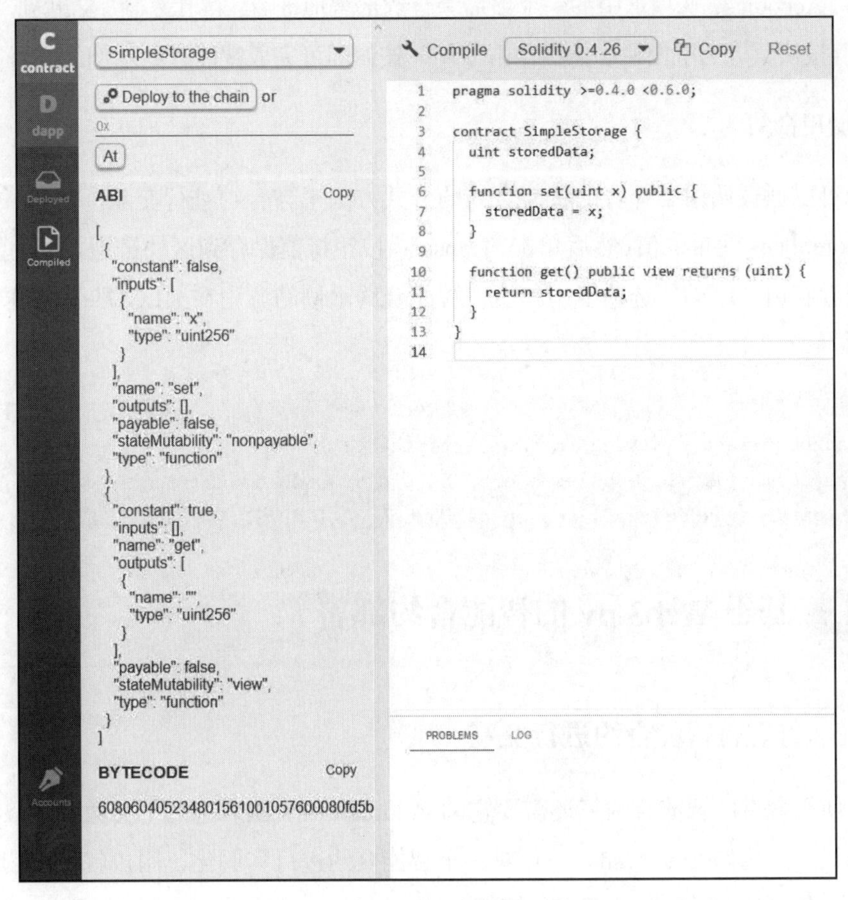

图 5-8　智能合约示例的编译结果

将 ABI 和 Bytecode 内容复制、粘贴到一个 JSON 文件中保存起来，该文件将在后续的智能合约编程时调用。

2．部署智能合约

单击左侧区域上的“Deploy to the chain”按钮，将合约实例化并部署到公共区块链上。默认情况下，BUIDL 会将合约部署到 Second State 区块链的开发网（DevChain），这是一个与以太坊平台兼容的公共区块链，旨在改善开发者的体验。在 DevChain 上，产生新区块的间隔时间为 1s，所有交易在区块生成后立即得到确认。DevChain 智能合约具有 1s 的快速确认时间，而不是在公共以太坊区块链上的几分钟甚至几小时的确认时间。此外，DevChain 上的 Gas 价格为 0，因此无须担心用加密货币去支付“Gas 费用”。

BUIDL 将自动生成 5 个地址供测试使用，用户可以在“Accounts”选项卡中看到，选择其中一个设置为合约部署的默认地址。也可以通过“Import”和“New”按钮来导入一个已有的合法地址或新增一个地址。BUIDL 不需要用户拥有任何加密钱包，因此它可以在任何浏览器上工作，包括智能手机和平板电脑等移动设备上的浏览器。

选择“Accounts”选项卡中的一个地址为合约部署地址后，将其复制、粘贴到“Deploy to the chain”按钮下方的空白栏，然后单击“At”按钮即可完成智能合约示例的部署。

3．调用合约

我们可以通过调用已部署的智能合约的公共方法来与合约进行交互。例如，可以设置合约的 storedData 变量的值，然后单击“Transact”按钮将值保存到区块链中，最后单击“Call”按钮来查看右边“LOG”选项卡中的值。智能合约示例的调用在“LOG”选项卡中显示的结果如下。

```
Sending Tx...
Tx has been sent, waiting for confirmation...
0xc5b58b9e159f7bf7f1be0bc7eb5b5e38d3b4f05d596296ebedc86b7f3bad3378 Success
Call {get} at 0x35d39bcf427e34ec7bab053bcec20f10d9c51f48 returned
```

5.5 基于 Web3.py 的智能合约部署

5.5.1 与现有智能合约进行交互

为了使用现有的智能合约，还需要它的 Address 和 ABI。这两个参数都可以通过区块链浏览器找到，例如 Etherscan。一旦对一个智能合约进行实例化，用户就可以读取数据并执行相关事务。对于用户自己编写的智能合约，例如 5.4 节中通过 Remix 或 BUIDL 成功编译的合约，只需读取保存有 Address、Bytecode 及 ABI 等内容的 JSON 文件即可获取这些参数。

智能合约的函数调用有如下两种方式。

```
#在以太坊虚拟机中执行智能合约功能，而不发送任何交易
myContract.functions.myFunction ([param1]).call(options[])
#将向智能合约发送交易并执行其功能
myContract.functions.myFunction ([param1]).transact(options[])
```

其中，call()函数的调用不会改变合约状态，具有只读功能；transact()函数的调用可能会改变合约状态，具有读、写功能。若程序在调用过程中抛出“gas required exceeds allowance or always failing transaction”异常，则表明没有设定交易的 gasLimit，可以用如下代码设定。

```
myContract.functions.name().call({"gasLimit":100000})
```

若程序在调用过程中抛出“gas required exceeds block gasLimit”异常，可以通过修改本地以太坊区块链系统的启动命令，加上“--syncmode light”参数，让节点可以接收、广播交易。启动命令如下。

```
geth --datadir data --syncmode light --rpcapi eth,web3,personal --rpc --cache=2048
console 2 >>localchain.log
```

基于 Web3 对象与现有的智能合约进行交互的示例代码如下。

```
from web3 import Web3, HTTPProvider
from web3.eth import Eth
import json

w3 = Web3(HTTPProvider('http://localhost:8545'))
eth = Eth(w3)
accounts = w3.eth.accounts

f=open("demo.json") #打开编译好的智能合约接口文件，其中包含 ABI、Address 及 Bytecode 等相关内容
contract_detail=json.load(f)          #读取 JSON 文件内容
abi=contract_detail["abi"]            #获取合约的 ABI
address=w3.toChecksumAddress(contract_detail["address"])
#转换为安全合法的以太坊校验和地址
bytecode=contract_detail["bytecode"]["object"] #获取合约的 Bytecode
'''
设置交易的账户默认地址及交易费用限制。这两个参数必须设置，否则调用 constructor().transact()时会出错。
"gasLimit": "0x1000000"，可以设置为和创世区块的一致
'''
option={'from':accounts[0], "gasLimit": "0x1000000"}
```

```
myContract=w3.eth.contract(abi=abi,address=address) #构建智能合约
print(myContract.functions.greet().call()) #调用智能合约中定义的函数显示问候语
'''
重新设置问候语字符串
如果需要改变数据，则需要使用transact()发送交易，并等待挖矿确认；若只是读取数据，则使用call()即可
'''
myContract.functions.setGreeting("Hi, Jiantao!").transact(option)
print(myContract.functions.greet().call()) #重新调用greet()函数，显示新的问候语
```

运行代码，输出结果如下。

```
D:\Dev\python DeployContractDemo.py
Hello World!
Hi, Jiantao!
```

5.5.2 部署新的智能合约

对于一个全新的智能合约文件，也可以在代码中直接编译获取结果而无须通过IDE进行事先编译，为此，我们需要调用第三方Python模块solc。在Anaconda控制台中执行以下命令即可完成该模块的在线安装。

```
pip install py-solc
```

在Windows 10操作系统中，为了让solc正常工作，还需安装Windows版本的solc可执行文件。安装步骤如下。

（1）访问solc的GitHub官方网站的地址。

（2）下载solc-windows.exe文件，下载完成后将其更名为“solc.exe”并置于系统环境变量PATH可搜索到的路径中。

安装完成后，可以通过solc --version命令检查solc的版本信息，如下。

```
C:\ >solc --version
solc, the solidity compiler commandline interface
Version: 0.8.4+commit.c7e474f2.Windows.msvc
```

准备工作完成后，我们需要准备一个新的智能合约。假设新编写的合约名为“contract.sol”，其Solidity文件的内容如下。

```
contract StoreVar {
    uint8 public _myVar;
    event MyEvent(uint indexed _var);

    function setVar(uint8 _var) public {
        _myVar = _var;
```

```
        emit MyEvent(_var);
    }

    function getVar() public view returns (uint8) {
        return _myVar;
    }
}
```

以下示例代码演示了从 Solidity 文件直接编译合约、估计交易的成本费用、使用合约功能进行交易，以及等待交易凭证被挖矿确认等。

用 Python 代码实现智能合约的部署与调用

```
import sys
import time
import pprint
from web3.providers.eth_tester import EthereumTesterProvider
from web3 import Web3
from solcx import compile_source #导入该库，用于智能合约编译
from web3 import Web3, HTTPProvider
from web3.eth import Eth

w3 = Web3(HTTPProvider('http://localhost:8545'))
eth = Eth(w3)
accounts = w3.eth.accounts
option={'from':accounts[0], "gasLimit": "0x2fefd8"} #设置 transact()参数

'''
compile_source_file()函数的定义
该函数主要用于从合约文件直接进行编译并返回 ABI 和 Bytecode 等相关信息
'''
def compile_source_file(file_path):
    with open(file_path, 'r') as f:
        source = f.read()
    return compile_source(source)

'''
deploy_contract()函数的定义
该函数主要用于根据已经获取的 ABI 和 Bytecode 部署智能合约，并返回部署的合约地址
'''
def deploy_contract(w3, contract_interface):
    tx_hash = w3.eth.contract(
        abi=contract_interface['abi'],
        bytecode=contract_interface['bin']).constructor().transact(option)
    address = w3.eth.get_transaction_receipt(tx_hash)['contractAddress']
    return address
```

```
contract_source_path = 'contract.sol'                #合约文件
compiled_sol = compile_source_file(contract_source_path)

#返回编译的合约结果，其中contract_interface包含ABI和Bytecode
contract_id, contract_interface = compiled_sol.popitem()

address = deploy_contract(w3, contract_interface)     #获取部署合约的地址
print(f'Deployed {contract_id} to: {address}\n')

store_var_contract = w3.eth.contract(address=address, abi=contract_interface ["abi"])
#实例化合约

gas_estimate = store_var_contract.functions.setVar(255).estimateGas() #估算交易费用
print(f'Gas estimate to transact with setVar: {gas_estimate}')

if gas_estimate < 100000:
    print("Sending transaction to setVar(255)\n")
    '''
    发送交易，部署合约
    合约部署成功后就可以调用。如果需要改变数据，则需要使用transact()发送交易，并等待挖矿确认；
    若只是读取数据，则使用call()即可
    '''
    tx_hash = store_var_contract.functions.setVar(255).transact(option)
    #等待挖矿，使得交易成功
    receipt = w3.eth.wait_for_transaction_receipt(tx_hash)
    #输出相关信息
    print("Transaction receipt mined:")
    pprint.pprint(dict(receipt))
    print("\nWas transaction successful?")
    pprint.pprint(receipt["status"])
else:
    print("Gas cost exceeds 100000")
```

运行代码，结果如下。

```
Deployed <stdin>:StoreVar to: 0x7be43DDacc187d5FbcC0Be4cd59447ef01FDb46c

Gas estimate to transact with setVar: 43666
Sending transaction to setVar(255)
Transaction receipt mined:
{'blockHash': HexBytes('0xddd136672be6a533d912b6cb50301d83db907605c9aacfa03dc7c2
d4b258e574'),
 'blockNumber': 9,
 'contractAddress': None,
 'cumulativeGasUsed': 43666,
 'from': '0xde16F9C9F8c3eC28076d4A4E756cD8909b0F6809',
```

```
     'gasUsed': 43666,
     'logs': [AttributeDict({'logIndex': 0, 'transactionIndex': 0, 'transactionHash':
HexBytes('0xbd1c856de4c34b8fd1b283aba243a90586699943c61987149e06278e4da4b213'),
'blockHash': HexBytes('0xddd136672be6a533d912b6cb50301d83db907605c9aacfa03dc7c2d4b258
e574'), 'blockNumber': 9, 'address': '0x7be43DDacc187d5FbcC0Be4cd59447ef01FDb46c',
'data': '0x', 'topics': [HexBytes('0x6c2b4666ba8da5a95717621d879a77de725f3d816709b9c
be9f059b8f875e284'), HexBytes('0x0000000000000000000000000000000000000000000000000000
0000000000ff')], 'type': 'mined', 'removed': False})],
     'logsBloom': HexBytes('0x0000000000000000000000000000000000000000000000000000000
000000000000000000100000000000000000000000000000000000000000000200000000000000000000
000000000000000000000000000000000000000000000000000010000000000000000000000000800000
000000000000000000000000000000000000000000000000000000000000000000000000000000000000
000000000000000000000000000000000800000000000000000000000000004000000000000000000040000
040000000000000000000000000000000000000000000000000000000000000000000000000000000000
04000000000000000000000000000000000000'),
     'status': 1,
     'to': '0x7be43DDacc187d5FbcC0Be4cd59447ef01FDb46c',
     'transactionHash': HexBytes('0xbd1c856de4c34b8fd1b283aba243a90586699943c6198714
9e06278e4da4b213'),
     'transactionIndex': 0}
    Was transaction successful?
    1
```

5.6 基于 Brownie 框架的区块链应用编程

Brownie 是由本・豪泽（Ben Hauser）创建的基于 Web3 的 Python 智能合约开源框架，其稳健性和易用性都很高，用户可使用简单的命令来启动项目和运行代码。Brownie 框架的主要应用场景如下。

（1）部署：自动将许多合约部署到区块链上，初始化或者集成它们所需的任何交易。

（2）交互：编写脚本，或者使用控制台与主网上的合约进行交互，或是在本地环境中进行快速测试。

（3）调试：在事务恢复时获取详细信息，以帮助用户快速查明问题。

（4）测试：用 Python 编写单元测试，并基于堆栈跟踪分析评估测试覆盖率。

Brownie 框架在去中心化金融（Decentralized Finance，DeFi）中有着广泛的应用，DeFi 是区块链和智能合约领域中重要的发展方向之一，通常被称为“新金融科技”。

5.6.1 Brownie 的安装和初始化

在 Anaconda 控制台中执行以下命令即可快速完成 Brownie 的在线安装。

```
pip install eth-brownie
#清华大学镜像源
pip install eth-brownie-i       //pypi.tuna.tsinghua.edu.cn/simple
#豆瓣镜像源
pip install eth-brownie-i       //pypi.doubanio.com/simple
```

安装完成后，在 Anaconda 控制台中执行“brownie --version 命令，若正确显示版本号，则表明 Brownie 框架安装成功。

使用 Brownie 可以初始化一个新项目，通常有以下两种方式来实现。

1．创建一个空项目

先建立一个新文件夹（假设为 D:\BrownieTest），在 Anaconda 控制台中通过 cd 命令进入该文件夹，然后执行 brownie init 命令即可进行项目的初始化操作，Anaconda 控制台会显示如下信息，同时在当前目录中生成如图 5-9 所示的内容。

```
Brownie v1.14.6 - Python development framework for Ethereum
SUCCESS: A new Brownie project has been initialized at D:\BrownieTest
```

名称	修改日期	类型	大小
build	2021/6/29 14:02	文件夹	
contracts	2021/6/29 14:02	文件夹	
interfaces	2021/6/29 14:02	文件夹	
reports	2021/6/29 14:02	文件夹	
scripts	2021/6/29 14:02	文件夹	
tests	2021/6/29 14:02	文件夹	
.gitattributes	2021/6/29 14:02	文本文档	1 KB
.gitignore	2021/6/29 14:02	文本文档	1 KB

图 5-9　执行 Brownie 初始化命令生成的内容

每个 Brownie 项目均包含上述内容，其中文件夹的作用说明如下。

- build：用于放置项目数据，例如编译器组件和单元测试结果，跟踪已部署的智能合约和已编译合约等。
- contracts：合约源代码，通常以 Solidity 或 Vyper 编写。
- interfaces：处理已部署合约所需的接口布局。每次与合约的交互都需要一个 ABI 和一个 Address。通过接口获取合约的 ABI 是一个好方法。
- reports：在 GUI 中使用的 JSON 报告文件。
- scripts：用户创建的用于部署和交互的脚本，用于自动执行合约流程。
- tests：用于测试项目的脚本。

2．从现有模板创建新项目

除了从零开始新建项目之外，Brownie 框架还允许用户利用 brownie bake 命令从现有的项目模板中创建一个新的项目。例如，执行 brownie bake token 命令，则会在当前目录中生成一个新的文件夹 token，并在其中部署新项目。进入该文件夹后可发现其目录结构与创建一个空项目时产生的目录结构基本一致，不同的是，这些目录中已经有示例模板项目所需的代码和智能合约文件等相关内容。

进入 token 文件夹，执行 brownie console 命令，初次启动时会自动下载一个智能合约编译器 solc.exe 并放在 Windows 本地用户目录中，命令的运行情况如下。

```
D:\BrownieTest>brownie bake token
Brownie v1.14.6 - Python development framework for Ethereum

Downloading from ■■■■//github.com/brownie-mix/token-mix/archive/master.zip...
9.13kiB [00:00, 78.8kiB/s]
SUCCESS: Brownie mix 'token' has been initiated at token

D:\BrownieTest>cd token
D:\BrownieTest\token>brownie console
Brownie v1.14.6 - Python development framework for Ethereum

Downloading from ■■■■//solc-bin.ethereum.org/windows-amd64/solc-windows-amd64-v0.6.12+commit.27d51765.zip
100%|████████████████████████████████████████| 7.66M/7.66M [00:07<00:00, 996kiB/s]
solc 0.6.12 successfully installed at: C:\Users\Polaris\.solcx\solc-v0.6.12\solc.exe
Compiling contracts...
  Solc version: 0.6.12
  Optimizer: Enabled  Runs: 200
  EVM Version: Istanbul
Generating build data...
 - SafeMath
 - Token

TokenProject is the active project.

Launching 'ganache-cli.cmd --port 8545 --gasLimit 12000000 --accounts 10 --hardfork istanbul --mnemonic brownie'...
Brownie environment is ready.
>>>
```

5.6.2 基于 Brownie 控制台命令的智能合约部署

Brownie 框架提供了丰富的控制台命令来部署已编译的智能合约，它与常规 Python 解释器非常相似。

我们仍然以 5.5 节中的智能合约为例来演示如何利用 Brownie 控制台命令进行合约部署。首先需将 contract.sol 文件复制至 Brownie 项目文件夹下的 contracts 目录中，例如，D:\BrownieTest\build\contracts。然后在 Anaconda 控制台中执行 brownie compile 命令。若合约文件没有语法错误，则编译完成并会在 D:\BrownieTest\build\contracts 中生成 StoreVar.json 文件。

执行 brownie console 命令，启动 Brownie 控制台，并在其中依次执行各种命令来查看和部署刚编译完成的智能合约“StoreVar”，可以将该智能合约作为一个模块导入，示例命令和执行结果如下。

```
>>> from  brownie import accounts,StoreVar  #导入智能合约和与账户处理相关的模块
>>> type(StoreVar)          #查看 StoreVar 类的属性
<class 'brownie.network.contract.ContractContainer'>
>>> dir(StoreVar)           #显示 StoreVar 的所有属性和方法
[abi, at, bytecode, decode_input, deploy, get_method, get_verification_info, info,
publish_source, remove, selectors, signatures, topics, tx]
>>> StoreVar.bytecode       #显示智能合约 StoreVar 的 Bytecode
'608060405234801561001057600080fd5b5061010580610020600039600 0f3fe608060405234801
5600f57600080fd5b5060043610603c5760003560e01c806301ad4d87146041578063477a5c9814605d5
78063edd89c08146063575b600080fd5b60476082565b6040805160ff90921682525190819003602001 9
0f35b6047608b565b608060048036036020811015607757600080fd5b503560ff166094565b005b60005
460ff1681565b60005460ff1690565b6000805460ff191660ff8316908117825560405190917f6c2b466
6ba8da5a95717621d879a77de725f3d816709b9cbe9f059b8f875e28491a25056fea265627a7a7231582
0bce84870db1b1c93e09b420fe67ef39a82d2477b3ae2cab77dc9cc1a0bf2efce64736f6c63430005110
032'
>>> StoreVar.abi            #显示智能合约 StoreVar 的 ABI
[
    {
        'anonymous': False,
        'inputs': [
            {
                'indexed': True,
                'internalType': "uint256",
                'name': "_var",
                'type': "uint256"
            }
        ],
        'name': "MyEvent",
        'type': "event"
    },
    {
        'constant': True,
        'inputs': [],
        'name': "_myVar",
        'outputs': [
            {
                'internalType': "uint8",
                'name': "",
                'type': "uint8"
            }
```

```
        ],
        'payable': False,
        'stateMutability': "view",
        'type': "function"
    },
    {
        'constant': True,
        'inputs': [],
        'name': "getVar",
        'outputs': [
            {
                'internalType': "uint8",
                'name': "",
                'type': "uint8"
            }
        ],
        'payable': False,
        'stateMutability': "view",
        'type': "function"
    },
    {
        'constant': False,
        'inputs': [
            {
                'internalType': "uint8",
                'name': "_var",
                'type': "uint8"
            }
        ],
        'name': "setVar",
        'outputs': [],
        'payable': False,
        'stateMutability': "nonpayable",
        'type': "function"
    }
]
>>> StoreVar.signatures         #显示智能合约StoreVar的签名，其中定义了各种函数和变量

{
    '_myVar': "0x01ad4d87",     #合约中的自定义变量
    'getVar': "0x477a5c98",     #合约中的自定义函数
    'setVar': "0xedd89c08"      #合约中的自定义函数
}
>>> con=accounts[0].deploy(StoreVar) #将智能合约部署在第一个模拟账户（accounts[0]）上
Transaction sent: 0x54d658751bcfa0e57e8be03e0cc78925dbbbea6b6c62460ae3cd3fa42f6ab932
  Gas price: 0.0 gwei   Gas limit: 12000000   Nonce: 0
```

```
  StoreVar.constructor confirmed - Block: 1   Gas used: 109813 (0.92%)
  StoreVar deployed at: 0x3194cBDC3dbcd3E11a07892e7bA5c3394048Cc87

#调用智能合约中的函数来设置一个值，产生一笔交易并生成新的区块，同时返回交易的哈希值
>>>con.setVar(25)
  Transaction sent: 0xab5dba6389cf90b0962e543c39dc0286c6929fe9548b5ec513f6630bbe93604e
  Gas price: 0.0 gwei   Gas limit: 12000000   Nonce: 1
  StoreVar.setVar confirmed - Block: 2   Gas used: 43399 (0.36%)

<Transaction '0xab5dba6389cf90b0962e543c39dc0286c6929fe9548b5ec513f6630bbe93604e'>
>>> result=con.getVar()     #调用智能合约中的函数来获取刚设置的值
>>> print(result)           #输出结果
25
```

从上述示例命令中可以看出，在 Brownie 框架中对智能合约进行部署和交互调用非常容易，这也是很多 DeFi 应用中大量采用该框架的重要原因。

5.6.3 基于 Brownie 框架的区块链交互

在 Brownie 框架中，我们可以通过不同的对象和方法来实现与区块链的交互，例如对账户的操作、区块数据的读取、交易数据的查询等。

1．Accounts 对象

Accounts 对象允许用户访问所有本地模拟账户。每个账户都由一个账户对象表示，该对象可以执行诸如查询余额或发送以太币之类的操作。示例代码如下。

```
>>> accounts #显示当前本地区块链中的所有模拟账户
[<Account '0x66aB6D9362d4F35596279692F0251Db635165871'>,
<Account '0x33A4622B82D4c04a53e170c638B944ce27cffce3'>,
<Account '0x0063046686E46Dc6F15918b61AE2B121458534a5'>,
...
<Account '0x1CEE82EEd89Bd5Be5bf2507a92a755dcF1D8e8dc'>]
>>> accounts[1]                  #显示 accounts[1]的账户信息
<Account '0x33A4622B82D4c04a53e170c638B944ce27cffce3'>
>>> dir(accounts[1])             #显示 accounts[1]的所有方法、函数、属性等相关信息
[address, balance, deploy, estimate_gas, gas_used, get_deployment_address, nonce, transfer]
>>> accounts[1].balance()        #显示 accounts[1]的余额
100000000000000000000
'''
从 accounts[0]向 accounts[1]转账 10 以太币，并返回交易的哈希值及交易相关的详细信息，同时产生一个新的区块，例如示例中的 3 号区块
'''
>>> accounts[0].transfer(accounts[1], "10 ether")
```

```
Transaction sent: 0x987d80e14fa56ed31b7b1b31041c072d94ad21933a013e0805f3e83d14d784b5
  Gas price: 0.0 gwei   Gas limit: 12000000   Nonce: 2
  Transaction confirmed - Block: 3   Gas used: 21000 (0.18%)

<Transaction '0x987d80e14fa56ed31b7b1b31041c072d94ad21933a013e0805f3e83d14d784b5'>
>>> accounts[1].balance() #显示交易后 accounts[1]的余额
110000000000000000000
>>> accounts[0].balance() #显示交易后 accounts[0]的余额
90000000000000000000
```

Accounts 对象还可以实现账户的添加、锁定等相关操作，新添加的账户将自动附加到 Accounts 对象中。Accounts.add()方法用于随机生成新账户，示例代码如下。

```
#随机新增一个账户，并生成助记符
>>> accounts.add()
mnemonic: 'venue alert mention chapter fruit rice adapt jump assist across prevent airport'
<LocalAccount '0x76189e3205Ff82F49A02ac363E8644402BfD72bC'>
#用户可以选择指定一个私钥来新增一个账户
>>> accounts.add('0xca751356c37a98109fd969d8e79b42d768587efc6ba35e878bc8c093ed95d8a9')
<LocalAccount '0xf6c0182eFD54830A87e4020E13B8E4C82e2f60f0'>
'''
在开发环境中，可以从一个地址发送事务，而不需要该地址的私钥。要从任意地址创建账户，请使用 Accounts.at()方法并将参数 force 设置为 True
'''
>>> accounts.at('0x79B2f0CbED2a565C925A8b35f2B402710564F8a2', force=True)
<Account '0x79B2f0CbED2a565C925A8b35f2B402710564F8a2'>
```

2. Chain 对象

```
>>> chain          #显示 Chain 对象信息
<Chain object (chainid=1337, height=4)>
>>> len(chain)     #chain 对象的长度
4
>>> chain[3]       #显示第四个区块的相关信息
AttributeDict({'number': 3, 'hash': HexBytes('0x889b34a079048c40ecd80593f13db65ff03963c3d4426b1dd12638882ace67ab'), 'parentHash': HexBytes('0x5f08f1932d373af5f76f2c4c7469de0231ba8b095a076b67da47ad121d31aa91'), 'mixHash': HexBytes('0x0000000000000000000000000000000000000000000000000000000000000000'), 'nonce': HexBytes('0x0000000000000000'), 'sha3Uncles': HexBytes('0x1dcc4de8dec75d7aab85b567b6ccd41ad312451b948a7413f0a142fd40d49347'), 'logsBloom': HexBytes('0x00000000000000000000000000000000000000000000000000000000000000000000000000000000000000000000000000000000000000000000000000000000000000000000000000000000000000000000000000000000000000000000000000000000000000000000000000000000000000000000000000000000000000000000000000000000000000000000000000000000000000000000000000000000000000000000000000000000000000000000000000000000000000000000000000000000000000000000000000000000000000000000000000000000000000000000000000000000000000000000000000000000000000000000000000000000000000000000000000000000000000000000'), 'transactionsRoot': HexBytes('0xeb39efdf514a1bc006087086a50a8c164b2c8e7d925cc46daac8d3d274f9e7dc'), 'stateRoot': HexBytes('0x5fd322c6775f2f034532d258a1a46db3cd55c7fab77082dceb6634082178b1cc'), 'receiptsRoot': HexBytes('0x056b23fbba480696b65fe5a59b8f2148a1299103c4f57df839233af
```

```
2cf4ca2d2'), 'miner': '0x0000000000000000000000000000000000000000', 'difficulty': 0,
'totalDifficulty': 0, 'extraData': HexBytes('0x'), 'size': 1000, 'gasLimit': 12000000,
'gasUsed': 21000, 'timestamp': 1624972422, 'transactions': [HexBytes('0x987d80e14fa
56ed31b7b1b31041c072d94ad21933a013e0805f3e83d14d784b5')], 'uncles': []})
    >>> web3.eth.block_number #以 Web3 模块提供的功能来获取当前区块号
    3
    >>> chain[0] == web3.eth.get_block(0) #Brownie 和 Web3 模块获取创世区块信息的等价操作
    True
    >>> chain[-1] == web3.eth.get_block('latest')
    #Brownie 和 Web3 模块获取最新区块信息的等价操作
    True
```

Brownie 使用 Ganache CLI 作为本地区块链系统。挖矿、快照等功能可以通过 Chain 对象实现。Ganache 的默认行为是每次广播交易时挖出一个新的区块。可以使用 chain.mine() 方法挖掘一个空区块。

```
    >>> web3.eth.block_number          #显示当前区块号
    3
    >>> chain.mine(50)                 #挖掘 50 个空区块
    53
    >>> web3.eth.block_number          #显示当前区块号
    53
```

若要将当前区块链重置回只有创世区块的状态，可以使用 chain.reset()方法。

```
    >>> web3.eth.block_number
    53
    >>> chain.reset()                  #重置区块链
    0
    >>> web3.eth.block_number
    0
```

3．History 对象和 TransactionReceipt 对象

History 对象保存了 Brownie 会话期间广播的所有交易。如果在进行调用时未将 Transaction 对象分配给变量，则可以使用它来访问这些对象。例如：

```
    >>> history
    [<Transaction'0x54d658751bcfa0e57e8be0e0cc789dbbbea6b662460ae3cd3fa42f6ab932'>,
    <Transaction '0xab5dba6389cf90b0962e53c39dc026c6929fe9548b5ec51f6630bbe93604e'>,
    <Transaction '0x987d80e14fa56ed31b7b1b3104c072d94d21933a013e0805f3e814d784b5'>]
```

使用 chain.get_transaction()方法可以获取任何交易的 Transaction 对象，代码如下。

```
    >>>chain.get_transaction('0xab5dba6389cf0b0962e53c39dc0286c6929fe9548b5e513f6630
bbe93604e')
    <Transaction '0xab5dba6389cf90b0962e543c39dc0286c6929fe9548b5ec513f6630bbe93604e'>
```

Transaction 对象用于提供有关交易的信息，以及帮助调试的各种方法，示例代码如下。

```
>>> from brownie import Token  #载入 Token 智能合约容器对象
>>> Token                      #显示 Token 智能合约容器对象的信息
[]
>>> type(Token)
<class 'brownie.network.contract.ContractContainer'>
>>> Token.deploy               #部署合约
<ContractConstructor 'Token.constructor(string _name, string _symbol, uint256 _decimals, uint256 _totalSupply)'>
>>> Token.deploy("Test Token", "TST", 18, 1e23, {'from': accounts[1]})
#部署合约并执行交易
Transaction sent: 0x3c0232c54358f15a05d0a8ab5d481aa466b6723a91a4fdd22e126066f391cb79
  Gas price: 0.0 gwei   Gas limit: 12000000   Nonce: 0
  Token.constructor confirmed - Block: 1   Gas used: 516387 (4.30%)
  Token deployed at: 0xe7CB1c67752cBb975a56815Af242ce2Ce63d3113
<Token Contract '0xe7CB1c67752cBb975a56815Af242ce2Ce63d3113'>
#部署合约、执行交易，并将结果返回给变量 t
>>> t = Token.deploy("Test Token", "TST", 18, 1e23, {'from': accounts[1]}) Transaction sent: 0x60b05ff88c48fd6a2df28f6d329ff5d92741e540fedadb9f931f3d3e193dcf90
  Gas price: 0.0 gwei   Gas limit: 12000000   Nonce: 1
  Token.constructor confirmed - Block: 2   Gas used: 516387 (4.30%)
  Token deployed at: 0xDA1C81E678CbafE8EF2cfa2eC9D8D7724bAA3DD2
>>> t                          #显示变量 t 的信息
<Token Contract '0xDA1C81E678CbafE8EF2cfa2eC9D8D7724bAA3DD2'>
>>> Token                      #显示 Token 容器的信息，目前包含两个已经部署的智能合约
[<Token Contract '0xe7CB1c67752cBb975a56815Af242ce2Ce63d3113'>, <Token Contract '0xDA1C81E678CbafE8EF2cfa2eC9D8D7724bAA3DD2'>]
>>> Token[0].transfer          #容器中第一个智能合约的 transfer()方法
<ContractTx 'transfer(address _to, uint256 _value)'>
>>> Token[0].balanceOf         #容器中第一个智能合约的 balanceOf()方法
<ContractCall 'balanceOf(address _owner)'>
>>> Token[0].signatures        #列出容器中第一个智能合约的所有函数、方法、变量等信息
{
    'allowance': "0xdd62ed3e",
    'approve': "0x095ea7b3",
    'balanceOf': "0x70a08231",
    'decimals': "0x313ce567",
    'name': "0x06fdde03",
    'symbol': "0x95d89b41",
    'totalSupply': "0x18160ddd",
    'transfer': "0xa9059cbb",
    'transferFrom': "0x23b872dd"
}
#调用容器中第一个智能合约的 transfer()方法发起一笔交易，产生一个新的区块
```

```
>>> Token[0].transfer(accounts[1], 1e18, {'from': accounts[0]})
Transaction sent: 0xc2ac83ffd3072ba5e8f4daed66b6bbf1f52e6bae572c51899a9115eee5224a2c
  Gas price: 0.0 gwei   Gas limit: 12000000   Nonce: 0
  Token.transfer confirmed (Insufficient balance) - Block: 3   Gas used: 22963 (0.19%)
<Transaction '0xc2ac83ffd3072ba5e8f4daed66b6bbf1f52e6bae572c51899a9115eee5224a2c'>
'''
调用容器中第一个智能合约的transfer()方法发起一笔交易，产生一个新的区块。同时，将交易回执返回给变量tx
'''
>>> tx = Token[0].transfer(accounts[1], 1e18, {'from': accounts[0]})
Transaction sent: 0xa7616a96ef571f1791586f570017b37f4db9decb1a5f7888299a035653e8b44b
Token.transfer confirmed - block: 2   gas used: 51019 (33.78%)
>>> tx
<Transaction object '0xa7616a96ef571f1791586f570017b37f4db9decb1a5f7888299a03565
3e8b44b'>
>>> tx.info()  #显示交易回执tx的详细信息
Transaction was Mined
---------------------
Tx Hash: 0xa7616a96ef571f1791586f570017b37f4db9decb1a5f7888299a035653e8b44b
From: 0x4FE357AdBdB4C6C37164C54640851D6bff9296C8
To: 0xDd18d6475A7C71Ee33CEBE730a905DbBd89945a1
Value: 0
Function: Token.transfer
Block: 2
Gas Used: 51019 / 151019 (33.8%)
Events In This Transaction
--------------------------
Transfer
    from: 0x4fe357adbdb4c6c37164c54640851d6bff9296c8
    to: 0xfae9bc8a468ee0d8c84ec00c8345377710e0f0bb
    value: 1000000000000000000
```

5.6.4 基于Brownie框架的Python编程

Brownie可以作为一个Python包导入，并在Python脚本中进行调用。如果用户希望对Brownie的操作进行更精细的控制，这将非常有用。

1. 加载项目

brownie.project模块用于加载Brownie项目，示例代码如下。

```
>>>import brownie.project as project
>>> project.load('d:/BrownieTest/Token')
<Project 'TokenProject'>
```

项目加载后，project容器将包含所有相关的ContractContainer对象。

```
>>> p=project.TokenProject
```

```
>>> p
<Project 'TokenProject'>
>>> dict(p)
{'SafeMath': <brownie.network.contract.ContractContainer object at 0x0000021CAE
2E57F0>, 'Token': <brownie.network.contract.ContractContainer object at 0x0000021
CAE2E5D90>}
>>> p.Token            #智能合约 Token
<brownie.network.contract.ContractContainer object at 0x0000021CAE2E5D90>
>>> p.SafeMath         #智能合约 SafeMath
<brownie.network.contract.ContractContainer object at 0x0000021CAE2E57F0>
```

也可以使用“from...import...”语句将 ContractContainer 对象导入本地命名空间，示例代码如下。

```
>>> from brownie.project.TokenProject import Token
>>> from brownie.project.TokenProject import SafeMath
>>> Token
<brownie.network.contract.ContractContainer object at 0x0000021CAE2E5D90>
>>> SafeMath
<brownie.network.contract.ContractContainer object at 0x0000021CAE2E57F0>
```

当然，还可以用通配符将所有 ContractContainer 对象导入，代码如下。

```
>>> from brownie.project.TokenProject import *
```

2．访问区块链网络

brownie.network 模块包含用于网络交互的方法。最简单的连接方法是 network.connect()。

```
>>> from brownie import network
>>> network.connect('development') #连接本地区块链网络

Launching 'ganache-cli.cmd --port 8545 --gasLimit 12000000 --accounts 10 --hardfork
istanbul --mnemonic brownie'...
```

此方法会从配置文件中查询网络设置，启动本地 RPC，并使用 Web3 实例进行连接。也可以使用以下命令完成相同的操作。

```
>>> from brownie.network import rpc, web3
>>> rpc.launch('ganache-cli')              #通过 RPC 方式连接本地网络

Launching 'ganache-cli.cmd --hardfork istanbul'...
>>> web3.connect('http://127.0.0.1:8545')
```

与本地区块链网络连接成功后，Accounts 对象将自动填充本地模拟账户。

```
>>> from brownie.network import accounts
```

```
>>> len(accounts)                           # Accounts 对象中包含的账户总数
10
>>> accounts                                #Accounts 对象
<brownie.network.account.Accounts object at 0x00000164F91C7E50>
```

network.disconnect()方法用于断开网络连接，network.show_active()方法用于显示当前活跃的连接。

```
>>> accounts[0]
<Account '0x66aB6D9362d4F35596279692F0251Db635165871'>
>>> network.disconnect()
Terminating local RPC client...
>>> network.is_connected()
False
>>> network.show_active()
>>> network.connect('development')
Launching 'ganache-cli.cmd --port 8545 --gasLimit 12000000 --accounts 10 --hardfork istanbul --mnemonic brownie'...
>>> network.show_active()
'development'
```

3．智能合约部署与发送交易

该部分内容与执行 brownie console 命令实现智能合约的部署和调用几乎一致，除了模块的导入方式不同，示例代码如下。

```
>>>from brownie.project.TokenProject import *
>>>from brownie import accounts
#部署智能合约并发送一笔转账交易
>>>tx=Token.deploy("Test Token", "TST", 18, 1e23, {'from': accounts[0]}) Transaction sent: 0x1716c5a0e1265040721d37819b654f5ae9ec53f769511a6fba981e0de78cee2d
  Gas price: 0.0 gwei   Gas limit: 12000000   Nonce: 1
  Token.constructor confirmed - Block: 2   Gas used: 516387 (4.30%)
  Token deployed at: 0x602C71e4DAC47a042Ee7f46E0aee17F94A3bA0B6
>>>Token[0].signatures.keys()        #列举智能合约中的函数、方法、变量等
dict_keys(['allowance', 'approve', 'balanceOf', 'decimals', 'name', 'symbol', 'totalSupply', 'transfer', 'transferFrom'])
>>> Token[0].name()                   #调用合约中的一个方法
'Test Token'
>>>Token[0].transfer(accounts[0],1e18,{'from':accounts[4]}) #调用合约发送一笔交易
Transaction sent: 0xd340227825266ff166dc2c04fe6bc5e9c18567da410b96fc8405e2ab595a56bc
  Gas price: 0.0 gwei   Gas limit: 12000000   Nonce: 0
  Token.transfer confirmed (Insufficient balance) - Block: 4   Gas used: 22963 (0.19%)
```

5.7 本章小结

本章主要介绍了如何通过 Web3.py 库提供的丰富 API 来实现与区块链的连接和编程交互。同时，本章详细介绍了什么是智能合约，以及如何通过 Remix、BUIDL 等在线 IDE 来实现智能合约的编译、部署和测试。最后，本章还对 Brownie 框架的安装和初始化、基于控制台命令的智能合约部署及区块链的编程交互等进行了探讨。

5.8 习题

1. 在 VirtualEnv 环境中安装 Web3.py 库，并写出主要的实现步骤。
2. 利用 Web3.py 提供的 API 实现一个简单的区块数据上链示例。
3. 通过 Remix 编写一个文本数据读写智能合约并进行部署和调试。
4. 通过 Web3.py 提供的 API 对习题 3 中编写的智能合约进行部署和编程交互。
5. 基于 Brownie 框架对习题 3 中编写的智能合约进行部署和编程交互。

第6章 区块链与IPFS

随着区块链技术在各行业的广泛应用，各种去中心化应用的数量快速增多，去中心化应用所处理的数据量也日渐增多。通常情况下，对于各种普通的应用程序，数据和相关资源大多保存在本地磁盘或远程中心服务器上，而去中心化应用因为区块链存储空间资源的稀缺性而无法将数据大规模存储于链上，因此，一种去中心化的分布式存储系统成为诸多区块链应用成功实施的关键技术保障。星际文件系统（Inter-Planetary File System，IPFS）便是一种应运而生的基于 P2P 网络技术、BitTorrent 技术、Git 版本控制技术及自证明文件系统（Self-Certified File System，SFS）等构建起来的点对点、分布式文件存储系统。

6.1 IPFS 简介

IPFS 作为一个面向全球的、基于内容寻址的、版本化的、点对点的分布式文件系统，目标是补充（甚至是取代）目前“统治”互联网的 HTTP，将所有具有相同文件系统的计算设备连接在一起。其基本原理是用基于内容的地址替代基于域名的地址，也就是说，用户寻找的不是某个域名而是存储在某个地方的内容。IPFS 不需要验证发送者的身份，只需要验证内容的哈希值。这种方式可以使网页的访问更安全、访问速度更快。

在某些方面，IPFS 类似于 Web，但 Web 离不开服务器，是中心化的。IPFS 协议可以看作与 HTTP“相反”的协议，它是单一的 BitTorrent 群集，其分布式存储模式不依赖于任何一台中心服务器，每个人都可以将自己计算机的剩余闲置空间租赁出去作为网络世界里的信息基站。IPFS 提供了高吞吐量的内容寻址块存储模型，具有内容寻址的超链接。这形成了一个广义的默克尔有向无环图数据结构，我们可以用这种数据结构来构建版本文件系统、区块链，甚至是永久性网站。IPFS 没有单故障点，节点之间也不需要相互信任。

区块链作为一种计算机技术的新型应用模式，具有分布式数据存储、点对点传输、共识机制、算法加密等诸多技术特点。IPFS 是一个基于内容寻址的、版本化的、点对点的分布式文件系统。区块链和 IPFS 之间有着千丝万缕的联系，从它们的功能和特征描述来看，二者具有很多相似的特性。虽然 IPFS 不是一个区块链项目、不发行通证（Token）、不能实现去第三方信任的价值流通，但是以分布式存储作为内核的 IPFS，可以将去中心化结构发挥到极致，其去中心化的存储理念与区块链的去中心化精神不谋而合，一经推出就受到用户极大的关注。

IPFS 采用碎片式数据管理方式，将用户所保存的数据“零碎”地分布于整个网络之中，极大地避免了各种外在因素造成的数据泄露与丢失问题，也可以让更多有价值的数据得以永久保存。一个好的去中心化应用，必然是建立在一个优质的去中心化存储网络之上的，而它第一步要解决的就是数据在去中心化存储网络中的搭建与上链问题。

IPFS 不是区块链项目，但其激励层 Filecoin（文件币）是一个名副其实的区块链项目。Filecoin 运行于 IPFS 之中，是一个基于区块链的分布式存储网络，它把云存储变为一个算法市场，其发行的通证“FIL”在此时起到了很重要的作用。通证是沟通资源使用者（IPFS 用户）与资源提供者（Filecoin 矿工）的桥梁。Filecoin 拥有两个交易市场——数据检索和数据存储，交易双方可以在市场中提交自己的需求并达成交易。

IPFS 和 Filecoin 相互促进、共同成长，解决了互联网的数据存储和数据分发问题，特别是对于无数的区块链项目，IPFS 和 Filecoin 将作为“基础设施”存在。我们将看到越来越多的区块链项目采用 IPFS 作为存储解决方案，因为它可以提供更加便宜、更为安全、可快速集成的存储解决方案。Filecoin“白皮书”最后一章提到“IPFS 的桥接”功能，这意味着在理论上 Filecoin 可运行任何去中心化应用，去中心化应用也可运行 Filecoin 的智能合约。基于此前提，我们可以想象的是，未来现象级的去中心化应用极有可能诞生于 IPFS 网络之中。

IPFS 与 Filecoin 简介

6.2 IPFS 和区块链的主要区别与关联

IPFS 与区块链可以很好地配合使用。它们主要有以下几个方面的区别。

（1）区块链是一种记录交易数据并在区块中维护历史信息的技术。IPFS 旨在取代 HTTP，它也是一种协议。

（2）区块链技术不适用于存储大量数据。IPFS 供需要可公开访问的数据库的区块链应用程序使用，IPFS 将大量数据存储在不同的节点上，它使用区块链的通证经济（其激励层 Filecoin）来保持这些节点在线。

（3）在区块链上输入数据后，数据无法更新或删除，只能使用前序区块的哈希值来创建新区块。在 IPFS 中，只有在一个节点选择不重新托管时，方可删除网络数据，同时 IPFS 支持版本控制。

（4）区块链将数据存储在具有数据、本区块哈希值和前序区块哈希值的区块中。在 IPFS 中，文件将存储在 IPFS 对象中，这些对象可以存储 256KB 的数据，大于 256KB 的数据可以被分成多个大小为 256KB 的数据块存储在 IPFS 对象中；然后系统将创建一个空的 IPFS 对象，并将对象链接到文件的所有其他部分。

IPFS 的上述特性使其成为分布式数据存储的理想工具，可以使用区块链技术进行参考和时间戳标注。

IPFS 技术也为区块链技术的应用带来了诸多的便利，具体体现在以下几个方面。

区块链本来是为了做到去中心化，在没有中心机构的情况下达成共识，共同维护一个账本而设计的。它的设计动机并不是为了高效、低能耗，或是拥有可扩展性（如果追求高效、低能耗和扩展性，中心化程序可能是更好的选择）。IPFS 与区块链协同工作，能够弥补区块链的两大缺陷：一是区块链的存储效率低、成本高；二是跨链操作需要各链之间协同配合但难以协调。

之所以产生第一个缺陷，是因为区块链网络要求全部矿工维护同一个账本，需要每一个矿工都在本地留有一个账本的备份。在区块链中存放信息时，为了保证其不被篡改，也需要每个矿工留有一个备份，这样做是非常不经济的。假设全网有 10 000 个矿工，即便我们希望在网络中保存 1MB 信息，全网消耗的存储资源也将高达 10GB。目前，有一个折中的方案来弥补这一缺陷。在搭建去中心化应用时，大家广泛采取的方案是，仅在区块链中存放哈希值，将需要存储的信息放在中心化数据库中，而这种方案会使存储成为去中心化应用的一个短板，是网络中脆弱的一环。IPFS 则提出了另一个方案：可以使用 IPFS 存储文件数据，并将唯一永久可用的 IPFS 地址放置到区块链事务中，而不必将数据本身上链存储。

面对第二个缺陷时，IPFS 能协助不同的区块链网络传递信息和文件。比特币和以太坊的区块结构不同，通过星际关联数据（Inter-Planetary Linked Data，IPLD）可以定义不同的分布式数据结构。这一功能还在开发中，目前 IPLD 组件已经实现将以太坊智能合约代码通过 IPFS 进行存储，在以太坊交易中只需存储相关链接。

IPFS 和区块链是“最佳搭配”，我们可以使用 IPFS 处理大量数据，并将不变的、永久的 IPFS 链接放置到区块链事务中，而无须将数据本身放在区块链中。毕竟，区块链的本质是分布式账本，本身的瓶颈之一就是账本的存储能力，目前大部分公有区块链的最大问题就是无法在链上存储大量数据。比特币至今存储的区块数据也才数百吉字节，以太坊这种可编程区块链项目也只能执行和存储小段合约代码，去中心化应用的发展受到很大的制约，运用 IPFS 技术解决存储瓶颈是目前看来最佳的可行方案之一。

6.3 IPFS 的安装与使用

6.3.1 IPFS 的安装与初始化

（1）从 IPFS 官方网站（其地址参见本书附带的电子资源）中下载 Windows 版本的安装包，例如 go-ipfs_v0.4.23_windows-amd64.zip。

（2）解压上述下载的安装包到指定目录，例如 D:\go-ipfs。

（3）将上述目录添加到系统的 PATH 变量中。

至此，Windows 版本的 IPFS 安装完成。打开 Anaconda 控制台，执行以下命令即可查看 IPFS 当前的版本号。

```
ipfs --version
```

在 Anaconda 控制台中执行 ipfs init 命令即可对 IPFS 进行初始化，并在 C:\Users\your-user-name\目录下生成.ipfs 目录。其中，“your-user-name”指的是当前计算机的用户名，因人而异。通常情况下，.ipfs 目录结构如图 6-1 所示。其中，blocks 目录存储文件块的内容，datastore 目录存储本地数据，keystore 目录存储公私密钥对，config 为配置文件，version 为版本信息文件，api 文件中保存着本机节点的 IP 地址及端口等信息，例如/ip4/127.0.0.1/tcp/5001。

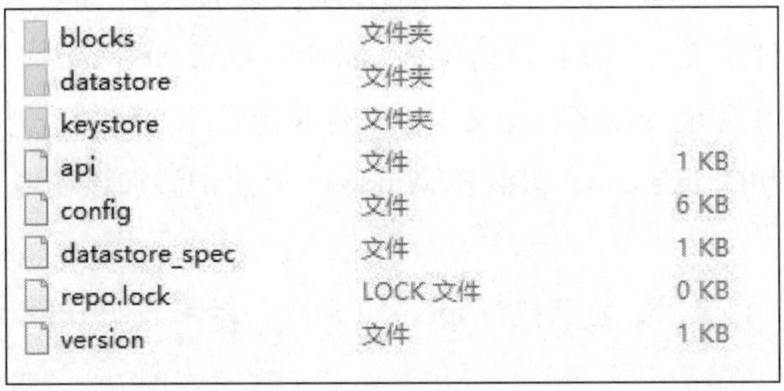

blocks	文件夹	
datastore	文件夹	
keystore	文件夹	
api	文件	1 KB
config	文件	6 KB
datastore_spec	文件	1 KB
repo.lock	LOCK 文件	0 KB
version	文件	1 KB

图 6-1 .ipfs 目录结构

执行初始化命令生成上述目录和文件的同时，也会在屏幕上输出如下信息。

```
initializing IPFS node at C:\Users\Dell\.ipfs
generating 2048-bit RSA keypair...done
peer identity: QmQ7TqiK5XLhEJn2hyM7QRABq6KV8chL9iRPSmdoWAyjsm
to get started, enter:
ipfs cat /ipfs/QmS4ustL54uo8FzR9455qaxZwuMiUhyvMcX9Ba8nUH4uVv/readme
```

在控制台中执行提示信息中输出的命令，如下。

```
ipfs cat /ipfs/QmS4ustL54uo8FzR9455qaxZwuMiUhyvMcX9Ba8nUH4uVv/readme
```

输出结果如图 6-2 所示。

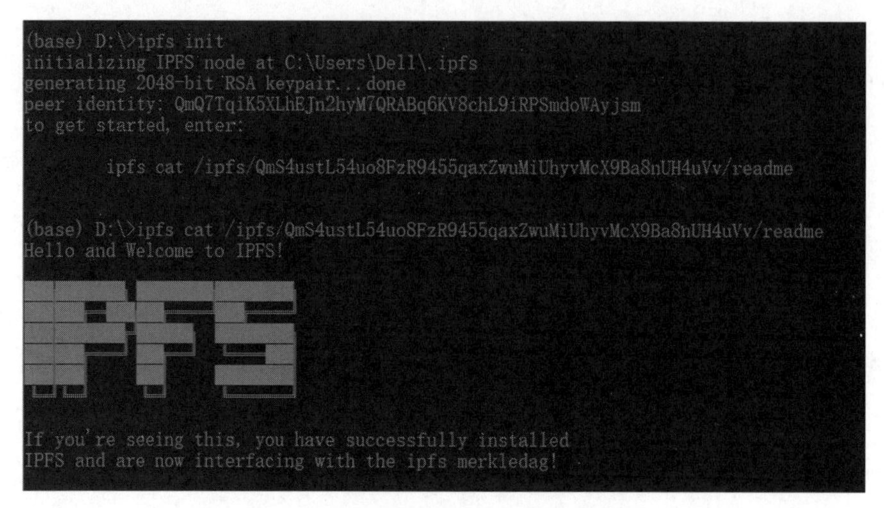

图 6-2 IPFS 初始化命令的输出结果

ipfs init 命令负责初始化 IPFS 配置文件并生成新的密钥对，命令格式如下。

```
ipfs init [--bits=<bits> | -b] [--empty-repo | -e] [--] [<default-config>]
```

选项说明如下。

- -b 或--bits int：生成的 RSA 私钥位数，默认值为 2048。
- -e 或--empty-repo bool：是否不在本地存储中添加、固定帮助文件，默认值为 False。

IPFS 的本地文件系统仓库在默认情况下，路径为 C:\Users\your-user-name\.ipfs。我们也可以使用 IPFS_PATH 环境变量来自定义本地文件系统仓库的路径。例如，我们欲将系统默认仓库的路径设置为 D:\ipfsrepo，只需在 Windows 系统中添加该环境变量，并将其值设置为 D:\ipfsrepo 即可。

删除现有的.ipfs 目录后，重新执行 ipfs init 命令，结果表明 IPFS 默认的本地存储路径已经改变。

```
D:\>ipfs init
initializing IPFS node at D:\ipfsrepo
generating 2048-bit RSA keypair...done
peer identity: QmQnYdsAM3c7saKMvhQj1YfqqyP3nChFR1FECjRKqCf4Ej
to get started, enter:
     ipfs cat /ipfs/QmS4ustL54uo8FzR9455qaxZwuMiUhyvMcX9Ba8nUH4uVv/readme
```

6.3.2 IPFS 常用命令与用法示例

IPFS 安装完成后，我们需要通过下述命令来启动一个 IPFS 守护进程，方可执行后续的其他 IPFS 命令。

IPFS 指令交互示例

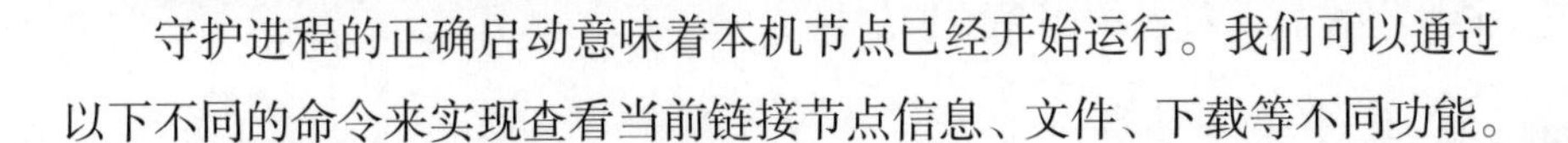

```
ipfs daemon
```

守护进程的正确启动意味着本机节点已经开始运行。我们可以通过以下不同的命令来实现查看当前链接节点信息、文件、下载等不同功能。

1．查看节点 ID 信息

```
ipfs id
```

输出结果如下。


```
{
"ID": "QmQ7TqiK5XLhEJn2hyM7QRABq6KV8chL9iRPSmdoWAyjsm",
"PublicKey": "CAASpgIwggEiMA0GCSqGSIb3DQEBAQUAA4IBDwAwggEKAoIBAQCytoZgFkvoXnwT1mmoQ0txA6h/FqAcAgpgDgVtkqQzA4gGZGDZqg9ZW1m5V5YeLKOEdWgn2E+CdjXGR+8niq22JAgx3CT5a2eMxIcXvbuVcBCj9yN29WEzD8FjpkAn3A2pycBffhM8mh8cMfEMrdkmBhxrtefBC1BrOFkMg7ZAgMBAAE=",
"Addresses": ["/ip4/192.168.2.40/tcp/4001/ipfs/QmQ7TqiK5XLhEJn2hyM7QRABq6KV8chL9iRPSmdoWAyjsm","/ip4/127.0.0.1/tcp/4001/ipfs/QmQ7TqiK5XLhEJn2hyM7QRABq6KV8chL9iRPSmdoWAyjsm", "/ip6/::1/tcp/4001/ipfs/QmQ7TqiK5XLhEJn2hyM7QRABq6KV8chL9 iRPSmdoWAyjsm", "/ip4/192.168.1.11/tcp/21917/ipfs/QmQ7TqiK5XLhEJn2hyM7QRABq6KV8chL9iRPSmdoWAyjsm"
],
"AgentVersion": "go-ipfs/0.4.18/",
"ProtocolVersion": "ipfs/0.1.0"
}
```


2．查看链接节点

```
ipfs swarm peers
```

该命令用于查看附近也在使用 IPFS 网络的节点，输出结果如下。

```
/ip4/131.153.79.210/tcp/32250/ipfs/12D3KooWJeins4kYfP7JKRkCk8zH6H8JXyVEq8tsYmsUuHoFGqZD
/ip4/134.19.179.163/udp/7288/quic/ipfs/QmReUUW9iTZXoAQMhPMsyWY8NvUuL751PvBzxyBcQsPMZE
/ip4/135.181.163.86/udp/4001/quic/ipfs/12D3KooWB4kXwCeSHoWgUhUtkPcMs7YSTWNsk89nsEk5B1gjEkfV
/ip4/135.181.221.42/udp/4001/quic/ipfs/12D3KooWRaK5fobWvM6B7ikF36UoYyqgEp5crTZwnGf5rT1yE9fR
/ip4/138.197.140.49/udp/4001/quic/ipfs/12D3KooWMxPEx6wDBh4A2D866U9kL62xoRiH3TRsMLA8HRmzcXGZ
/ip4/138.68.224.240/udp/30090/quic/ipfs/12D3KooWJ2wJr6CDbSmv37VFN81apuXk5YMozt2cNMayY5jvXYA
/ip4/139.13.81.167/tcp/4001/ipfs/QmWhCbiWGDzCpPqbske3Li9PdP1u2UX7tCrVPreWuAAr9S
/ip4/139.178.69.251/udp/4001/quic/ipfs/12D3KooWJyjoNwK3eEZYHkU5ueqa88gJDVWRkZhML8DVNMuh79vB
...
```

3．查看节点配置信息

```
ipfs config show
```

该命令将以 JSON 格式显示节点的相关配置信息。

4．添加文件

```
ipfs add test.txt
```

该命令将当前目录下的 test.txt 文件添加到 IPFS 网络，并生成对应的哈希地址。IPFS 基于内容存储，与文件名没有关系。只要内容一致，生成的哈希地址就一致。内容不一致，文件名一致，会生成两个不同的哈希地址。例如，执行上述示例命令的结果如下。

```
    1.23KiB/1.23KiB[==================================================================]100.00%
    added QmPDgFHJk6bnG9xu3ybF5Anh1FcwRLbfKASUFbapC8M2kF test.txt
```

其中，“QmPDgFHJk6bnG9xu3ybF5Anh1FcwRLbfKASUFbapC8M2kF”即生成的哈希地址，代表 test.txt 文件在 IPFS 网络的唯一可寻址标识，文件内容若有任何变动，该地址都将发生改变。

5．添加目录

```
ipfs add -r D:\test
```

该命令可以将目录 D:\test 添加到 IPFS 网络，并生成与该目录和其中所有文件一一对应的哈希地址。执行上述示例命令的结果如下。

```
    1.38 MiB/3.70 MiB [==================================>------------------------------]
37.30%
    added QmaZaDsAZdPNUMVLvZX3ZQYDijjL9t6vgCpkUPMubkpiw9 test/img1.jpg
    3.70 MiB/3.70 MiB [==================================>------------------------------]
100.00%
    added QmarKRzARV33JrXWM5SnoVfSKtx7sXKPkfdCVtcqq9vKE4 test/img2.jpg
    3.70MiB/3.70MiB [================================================================]
100.00%
    added QmfVkaRraz8gezKwQVmewKk3i3ftPKjeokszU4QGhWuBHb test
```

6．显示文件内容

```
ipfs cat 哈希地址
```

该命令可以将哈希地址代表的文件或目录的内容显示出来，如下。

```
ipfs cat QmPDgFHJk6bnG9xu3ybF5Anh1FcwRLbfKASUFbapC8M2kF
```

在控制台中会显示 test.txt 文件的文本内容。对于图像文件，我们可以通过输出重定向符号来重新生成图像文件，并可以用看图软件打开。例如，执行以下命令即可在当前目录中生成名为"demo.jpg"的图像文件，而我们所用的哈希地址为上述示例中的 D:\test\img2.jpg 文件，因此二者虽然文件名不同，但是通过图像软件打开它们，发现二者的内容完全一致。

```
ipfs cat QmarKRzARV33JrXWM5SnoVfSKtx7sXKPkfdCVtcqq9vKE4 >demo.jpg
```

对于图像文件，也可以在浏览器中输入该文件的哈希地址后直接打开，例如，在浏览器中输入如下命令。

```
http://127.0.0.1:8080/ipfs/QmaZaDsAZdPNUMVLvZX3ZQYDijjL9t6vgCpkUPMubkpiw9
```

即可打开上述示例中的 D:\test\img1.jpg 图像文件。当然，该方法也可以打开其他类型的、浏览器可以直接识别并打开的文件。

7. 下载文件

```
ipfs get 哈希地址
```

该命令可以将哈希地址代表的文件下载到当前目录，并以哈希地址命名。例如，以下命令可以将我们在前面示例中通过命令上传到 IPFS 网络中的 D:\test\img2.jpg 文件下载到当前目录，并以其对应的哈希地址命名。

```
C:\>ipfs get QmarKRzARV33JrXWM5SnoVfSKtx7sXKPkfdCVtcqq9vKE4
Saving file(s) to QmarKRzARV33JrXWM5SnoVfSKtx7sXKPkfdCVtcqq9vKE4
2.32MiB/2.32MiB [==========================================================] 100.00% 0s
```

8. IPFS 区块操作

```
ipfs block
```

该命令用于操作 IPFS 区块，它可以读取标准输入（stdin）或写入标准输出（stdout），<key>是用 base58 编码的哈希值，其子命令如下。

```
ipfs block get <key>        #读取 IPFS 区块
ipfs block put <data>       #将输入数据存入 IPFS 区块
ipfs block rm <hash>...     #移除指定的 IPFS 区块
ipfs block stat <key>       #输出指定 IPFS 区块的信息
```

示例命令如下。

```
D:\>ipfs block put test.txt
QmTW6SUgCsU6TCjRFZK6DtvaXCCPPkLkub1zNrqoWSqtT3
D:\>ipfs block get QmTW6SUgCsU6TCjRFZK6DtvaXCCPPkLkub1zNrqoWSqtT3
This is a testing file created by Jiantao Lu @ 20210504
D:\>ipfs block stat QmTW6SUgCsU6TCjRFZK6DtvaXCCPPkLkub1zNrqoWSqtT3
Key: QmTW6SUgCsU6TCjRFZK6DtvaXCCPPkLkub1zNrqoWSqtT3
```

```
Size: 753
D:\>ipfs block rm QmTW6SUgCsU6TCjRFZK6DtvaXCCPPkLkub1zNrqoWSqtT3
removed QmTW6SUgCsU6TCjRFZK6DtvaXCCPPkLkub1zNrqoWSqtT3
```

9．管理名称密钥

```
ipfs key
```

该命令用来管理星际命名系统（Inter-Planetary Naming System，IPNS）名称密钥对，其子命令如下。

```
ipfs key gen <name>                       #创建新的密钥对
ipfs key list                             #用列表显示本地保存的所有密钥对
ipfs key rename <name> <new_name>         #重命名密钥对
ipfs key rm <name>                        #删除指定名称的密钥对
```

这些命令的示例用法如下。

```
D:\>ipfs key gen -t rsa -s 2048 Polaris
k2k4r8lz28vt35rg8tder79ke4x60m2qbh86xj55tlxt867bse6oh8sk
D:\>ipfs key list
self
Polaris
D:\> ipfs key rename Polaris Jiantao
Key k2k4r8lz28vt35rg8tder79ke4x60m2qbh86xj55tlxt867bse6oh8sk renamed to Jiantao
D:\>ipfs key list
self
Jiantao
D:\>ipfs rm Jiantao
Jiantao
D:\>ipfs key list
self
```

10．管理引导列表

```
ipfs bootstrap
```

该命令用来显示或编辑节点的引导列表，其子命令如下。

```
ipfs bootstrap add [<peer>]...            #将一个或多个节点添加到引导列表
ipfs bootstrap list                       #显示引导列表中的节点
ipfs bootstrap rm [<peer>]...             #从引导列表中删除一个或多个节点
```

执行无参数的 ipfs bootstrap 命令等价于执行 ipfs bootstrap list 命令。

这些命令的示例用法如下。

```
D:\>ipfs bootstrap list
/dnsaddr/bootstrap.libp2p.io/p2p/QmNnooDu7bfjPFoTZYxMNLWUQJyrVwtbZg5gBMjTezGAJN
```

```
/dnsaddr/bootstrap.libp2p.io/p2p/QmQCU2EcMqAqQPR2i9bChDtGNJchTbq5TbXJJ16u19uLTa
/ip4/104.131.131.82/tcp/4001/p2p/QmaCpDMGvV2BGHeYERUEnRQAwe3N8SzbUtfsmvsqQLuvuJ
/ip4/104.236.179.241/tcp/4001/p2p/QmSoLPppuBtQSGwKDZT2M73ULpjvfd3aZ6ha4oFGL1KrGM
/ip4/104.236.76.40/tcp/4001/p2p/QmSoLV4Bbm51jM9C4gDYZQ9Cy3U6aXMJDAbzgu2fzaDs64
/ip6/2604:a880:1:20::203:d001/tcp/4001/p2p/QmSoLPppuBtQSGwKDZT2M73ULpjvfd3aZ6ha4
oFGL1KrGM
/ip6/2604:a880:800:10::4a:5001/tcp/4001/p2p/QmSoLV4Bbm51jM9C4gDYZQ9Cy3U6aXMJDAbz
gu2fzaDs64
/ip6/2a03:b0c0:0:1010::23:1001/tcp/4001/p2p/QmSoLer265NRgSp2LA3dPaeykiS1J6DifTC8
8f5uVQKNAd


D:\>ipfs bootstrap rm \
/dnsaddr/bootstrap.libp2p.io/p2p/QmNnooDu7bfjPFoTZYxMNLWUQJyrVwtbZg5gBMjTezGAJN
removed  /dnsaddr/bootstrap.libp2p.io/p2p/QmNnooDu7bfjPFoTZYxMNLWUQJyrVwtbZg5gBMj
TezGAJN
D:\>ipfs bootstrap list
/dnsaddr/bootstrap.libp2p.io/p2p/QmQCU2EcMqAqQPR2i9bChDtGNJchTbq5TbXJJ16u19uLTa
/ip4/104.131.131.82/tcp/4001/p2p/QmaCpDMGvV2BGHeYERUEnRQAwe3N8SzbUtfsmvsqQLuvuJ
/ip4/104.236.179.241/tcp/4001/p2p/QmSoLPppuBtQSGwKDZT2M73ULpjvfd3aZ6ha4oFGL1KrGM
/ip4/104.236.76.40/tcp/4001/p2p/QmSoLV4Bbm51jM9C4gDYZQ9Cy3U6aXMJDAbzgu2fzaDs64
/ip6/2604:a880:1:20::203:d001/tcp/4001/p2p/QmSoLPppuBtQSGwKDZT2M73ULpjvfd3aZ6ha4
oFGL1KrGM
/ip6/2604:a880:800:10::4a:5001/tcp/4001/p2p/QmSoLV4Bbm51jM9C4gDYZQ9Cy3U6aXMJDAbz
gu2fzaDs64
/ip6/2a03:b0c0:0:1010::23:1001/tcp/4001/p2p/QmSoLer265NRgSp2LA3dPaeykiS1J6DifTC8
8f5uVQKNAd
D:\>ipfs bootstrap add \
/dnsaddr/bootstrap.libp2p.io/p2p/QmNnooDu7bfjPFoTZYxMNLWUQJyrVwtbZg5gBMjTezGAJN
Added /dnsaddr/bootstrap.libp2p.io/p2p/QmNnooDu7bfjPFoTZYxMNLWUQJyrVwtbZg5gBMjTezGAJN
```

bootstrap 命令操作的引导列表中包含节点的地址，这些节点是网络中的可信节点，可以通过它们来获取其他节点的信息。在编辑引导列表之前，请务必了解添加或删除节点的风险。

11. 管理 IPFS 日志

```
ipfs log
```

该命令用于管理 IPFS 服务进程日志的生成与读取，其子命令如下。

```
ipfs log level <subsystem> <level>        #修改日志等级
ipfs log ls                               #列举日志子系统
ipfs log tail                             #读取事件日志
```

这些命令的示例用法如下。

```
D:\>ipfs log ls
remotepinning/mfs
eventlog
```

```
swarm2
bs:peermgr
badger
reuseport-transport
autorelay
routedhost
p2p-config
table
bitswap
plugin/loader
……
D:\>ipfs log tail
{"addresses":["/p2p-circuit","/ip4/192.168.2.40/tcp/4001","/ip4/127.0.0.1/tcp/4001",
"/ip6/::1/tcp/4001"],"event":"interfaceListenAddresses","system":"addrutil","time":
"2021-06-04T16:42:41.9288169Z"}
{"TraceID":4236760718001536864,"SpanID":2230077569720329256,"ParentSpanID":0,"Op
eration":"swarmDialAttemptSync","Start":"2021-06-05T00:42:41.9298137+08:00","Duratio
n":0,"Tags":{"system":"swarm2"},"Logs":[{"Timestamp":"2021-06-05T00:42:41.9298137+08
:00","Fields":[{"Key":"peerID","Value":"12D3KooWEVVv63YgCxzwEZEyrvZXKYnHF2QBWRPvXdFi
WUWep1rS"}]}]}
{"addresses":["/p2p-circuit","/ip4/192.168.2.40/tcp/4001","/ip4/127.0.0.1/tcp/40
01","/ip6/::1/tcp/4001"],"event":"interfaceListenAddresses","system":"addrutil","tim
e":"2021-06-04T16:42:41.9307832Z"}
{"addresses":["/ip4/192.168.2.40/tcp/4001","/ip4/127.0.0.1/tcp/4001","/ip6/::1/t
cp/4001","/p2p-circuit"],"event":"interfaceListenAddresses","system":"addrutil","tim
e":"2021-06-04T16:42:41.9327787Z"}
……
```

6.4 IPFS 与 Python 编程

在利用 Python 对 IPFS 进行交互访问之前，我们需要安装一个第三方 API，该 API 的前身为 ipfsapi，目前已经更名为 ipfshttpclient，旧的版本已经停止维护，因此本书以新的版本为例进行编码演示。

Python 编程实现与 IPFS 进行交互

6.4.1 IPFS API 的安装与启动

在 Anaconda 控制台中执行以下命令即可快速完成 ipfshttpclient 的在线安装。

```
pip install ipfshttpclient
#清华大学镜像源
pip install ipfshttpclient-i ██████//pypi.tuna.tsinghua.edu.cn/simple
#豆瓣镜像源
pip install ipfshttpclient-i ██████//pypi.doubanio.com/simple
```

安装完成后，即可利用该 API 对 IPFS 进行交互访问。当然，在此之前，我们仍需在另外一个控制台中通过 ipfs daemon 命令来开启一个 IPFS 守护进程。

6.4.2 基于 Python 的 IPFS 编程交互

1. IPFS 网络的连接

通过 ipfshttpclient 提供的 API 来连接 IPFS 网络的示例代码如下。

```
>>> import ipfshttpclient
'''
默认连接至/ip4/127.0.0.1/tcp/5001，等同于 client = ipfshttpclient.connect('/ip4/127.0.0.1/tcp/5001')
'''
>>> client = ipfshttpclient.connect()
```

2. 添加文件

与 IPFS 网络的连接建立起来之后，我们可以通过该 API 提供的 add()函数来向网络中添加文件，其功能和效果与在控制台中执行 ipfs add 命令类似，示例代码如下。

```
'''
示例文件test.txt的内容为"Testing Python Programming with IPFS."
'''
>>> res = client.add('test.txt')
>>> res
<ipfshttpclient.client.base.ResponseBase:\
{'Name': 'memo.txt', 'Hash': 'QmW1dMeb3n5JHnBVsGDQEmY4n2WE39Yd6fo5oEz22ywNB7', 'Size': '45'}>
>>> client.cat(res['Hash'])
b'Testing Python Programming with IPFS.'
```

此外，我们还可以通过在控制台中执行 curl 命令发送 POST 请求来添加文件。例如，在 Anaconda 控制台中执行以下命令即可将本地的 demo.jpg 文件添加到 IPFS 服务器，并将文件更名为"p1.jpg"。

```
curl -X POST -F 'file=@demo.jpg;filename=p1.jpg' http://127.0.0.1:5001/api/v0/add?quiet=True
```

执行上述命令后，返回结果如下。

```
{"Name":"p1.jpg'","Hash":"QmRcajBNPXKqBKAojEUk16eQm2dtj9QbZwFYh2fsqi4tVL","Size":"801689"}
```

我们可以将上述命令打包成一个字符串（即命令字符串），然后通过在 Python 解释器中执行 os.system（命令字符串）来实现添加文件的功能，示例代码如下。

```
>>> import os
>>>command_str="curl -X POST -F 'file=@demo.jpg;\
```

```
                filename=p1.jpg' http://127.0.0.1:5001/api/v0/add?quiet=True"
>>> os.system(command_str)
{"Name":"p1.jpg'","Hash":"QmRcajBNPXKqBKAojEUk16eQm2dtj9QbZwFYh2fsqi4tVL","Size"
:"801689"}
```

curl 命令也可以带参数，示例代码如下。

```
>>>upload_file_name='park.jpg'
>>>command_str="curl -X POST -F 'file=@" + upload_file_name  + \
                ";filename=test.jpg' http://127.0.0.1:5001/api/v0/add?quiet=True"
>>>command_str
"curl -X POST -F 'file=@park.jpg;\
                filename=test.jpg' http://127.0.0.1:5001/api/v0/add?quiet=True"
>>>os.system(command_str)
{"Name":"test.jpg'","Hash":"QmSmmLzP2u1MnnqLSsD37XcstQbjreQeT9cA3UhhCQgAZG","Size":
"374405"}
```

当然，我们也可以通过在 Python 解释器中执行 os.system("ipfs add 示例文件名")来实现示例文件的添加功能。实际上，所有可以在控制台中执行的 ipfs 命令都可以用这种方式执行。

3. TCP 重用

对于实际脚本，我们可以使用上下文管理器（Context Manager）重用 TCP 连接或在使用后手动关闭会话，示例代码如下。

```
import ipfshttpclient
#使用上下文管理器重用 TCP 连接
with ipfshttpclient.connect() as client:
    hash = client.add('memo.txt')['Hash']
    print(client.stat(hash))

#在客户端会话关闭之前重用 TCP 连接
class SomeObject:
    def __init__(self):
        self._client = ipfshttpclient.connect(session=True)

    def do_something(self):
        hash = self._client.add('test.txt')['Hash']
        print(self._client.stat(hash))

    def close(self):  #在任务完成时调用
        self._client.close()
```

4．其他功能

除了上面介绍的几个主要功能之外，通过 API 还可以实现查看当前 IPFS 网络的基本信息、显示所有哈希地址及其连接情况，以及添加目录到 IPFS 等操作，示例代码如下。

```
>>>client.id() #显示当前所连接的 IPFS 网络的基本信息
<ipfshttpclient.client.base.ResponseBase: {'ID': 'QmQnYdsAM3c7saKMvhQj1YfqqyP3nChFR1FECjRKqCf4Ej', 'PublicKey': 'CAASpgIwggEiMA0GCSqGSIb3DQEBAQUAA4IBDwAwggEKAoIBAQC/OK9TkzhiRVB3VtDS2l4/LhydEEmL9V2nB4I2k09QH3PsTt33LrUo1HAc8MkBOoAaS/hZ5pjserIZ48R4bdJnmzItNIn4C8BjefB8P5tWTS4o0kw1rSIZu/Xn6WHpWfQngANj/cVLhxjPc6YDhZj0x4Au3POCdwc5ha5ZZgRYQHcS3ssL8WMXuSPZe1d2A18mNkElvzqE8RIYRULJpO3Ow+hRVNb3Z4B1EwFIDFiOFodkU0680WL7aiB91t3EOVNL/pODGHoKyma/pApPK4tvCQUm/j3pKsAYJq03Nt3MBr/uzschUGOOqoZp8BigaxlfDfqDEQeCdG0cY3Bg1sxpAgMBAAE=', 'Addresses': ['/ip4/192.168.2.40/tcp/4001/ipfs/QmQnYdsAM3c7saKMvhQj1YfqqyP3nChFR1FECjRKqCf4Ej', '/ip4/127.0.0.1/tcp/4001/ipfs/QmQnYdsAM3c7saKMvhQj1YfqqyP3nChFR1FECjRKqCf4Ej', '/ip6/::1/tcp/4001/ipfs/QmQnYdsAM3c7saKMvhQj1YfqqyP3nChFR1FECjRKqCf4Ej', '/ip4/222.209.32.186/tcp/48058/ipfs/QmQnYdsAM3c7saKMvhQj1YfqqyP3nChFR1FECjRKqCf4Ej'], 'AgentVersion': 'go-ipfs/0.4.23/', 'ProtocolVersion': 'ipfs/0.1.0'}>
>>> client.pin.ls(type='all')#显示当前 IPFS 中的所有哈希地址及其连接情况
{'Keys': {'QmNMELyizsfFdNZW3yKTi1SE2pErifwDTXx6vvQBfwcJbU': {'Count': 1,
                                                              'Type': 'indirect'},
        'QmNQ1h6o1xJARvYzwmySPsuv9L5XfzS4WTvJSTAWwYRSd8': {'Count': 1,
                                                              'Type': 'indirect'},
        …
>>>client.add('photos', pattern='*.jpg') #添加目录并与文件名模式匹配
[{'Hash': 'QmcqBstfu5AWpXUqbucwimmWdJbu89qqYmE3WXVktvaXhX',
  'Name': 'photos/photo1.jpg'},
 {'Hash': 'QmSbmgg7kYwkSNzGLvWELnw1KthvTAMszN5TNg3XQ799Fu',
  'Name': 'photos/photo2.jpg'},
 {'Hash': 'Qma6K85PJ8dN3qWjxgsDNaMjWjTNy8ygUWXH2kfoq9bVxH',
  'Name': 'photos/photo3.jpg'}]
>>>client.add('test_dir', recursive=True) #递归添加目录
[{'Hash': 'QmQcCtMgLVwvMQGu6mvsRYLjwqrZJcYtH4mboM9urWW9vX',
  'Name': 'test_dir/fsdfgh'},
 {'Hash': 'QmNuvmuFeeWWpxjCQwLkHshr8iqhGLWXFzSGzafBeawTTZ',
  'Name': ' test_dir/test2/llllg'},
 {'Hash': 'QmX1dd5DtkgoiYRKaPQPTCtXArUu4jEZ62rJBUcd5WhxAZ',
  'Name': 'test_dir/test2'},
 {'Hash': 'Qmenzb5J4fR9c69BbpbBhPTSp2Snjthu2hKPWGPPJUHb9M',
  'Name': 'test_dir'}]
#此模块还包含一些用于向 IPFS 添加字符串和 JSON 数据的函数
>>> dict={'count':5,'year':'2021','topic':'blockchain'}
>>> client.add_json(dict)
'QmNRWq7AVu4dEAvZULjDdqLKYJ6dGgmr5iWXiQKRoct1Pi'
>>>client.get_json(_)
{'count': 5, 'topic': 'blockchain', 'year': '2021'}
```

6.5 本章小结

IPFS 作为一种去中心化的分布式存储系统，因为它与区块链系统在设计理念和运行方式上具有诸多相似之处，所以在区块链实际应用中经常会将它作为辅助的数据存储系统。本章主要阐述了 IPFS 的基本概念及其与区块链系统的区别和联系；同时，也介绍了 IPFS 客户端的安装方法和常见命令的使用方法；最后，对 IPFS 的 API 进行了介绍，并通过具体的示例演示了如何利用这些 API 进行 Python 编程实践。

6.6 习题

1. 什么是 IPFS？它与区块链的区别是什么？
2. 简述 IPFS 的基本工作原理。
3. IPFS 与 HTTP 的本质区别是什么？
4. 基于 IPFS 技术设计一个简单的文件上传与查询系统。

第7章 区块链应用与嵌入式数据库

对于区块链应用而言，通常有两个部分的数据：区块链数据和应用状态数据。以比特币为例，区块链数据中保存着历史交易数据；此外，比特币客户端还需要保存一些没有被写入区块链的数据，比如过去一段时间发送的新交易等。比特币的区块链数据被存储在本地的诸多.dat 文件中。为了提高验证交易的速度，比特币采用 LevelDB 数据库保存整个区块链的索引，以保证可通过键（Key）快速找到需要的数据。此外，那些没有写入区块链的应用状态数据也用 LevelDB 保存在本地数据库中。

文件到底是否可以上链？在区块链开发社区里，这是一个经常出现的问题。这里的文件一般是指图像、视频、音频、PDF 文件等非结构化的数据，也可以泛指大体量的数据集。常见的场景里，文件共享一般是局部的、点对点的，而不是广播给所有人的。让区块链无差别地保存海量数据，系统将会不堪重负。所以，比较合理的做法是计算文件的数字指纹，并将其与其他可选信息一起上链，如作者、持有人签名、访问地址等，单个信息上链的情况并不多见。文件本身则保存在私有的文件服务器、云存储空间或者 IPFS 里，这些专业方案更适合保存海量和大尺寸文件。

数据上链原则与方式

上链可信分享的目的，是使接收者可以验证文件的完整性、正确性。因此，在实际区块链应用系统中，除了核心的不可篡改的链上数据外，账户体系、鉴权体系、业务体系等的数据大多保存在客户端与本地数据库中。此种情形下，数据库通常会和程序代码一起发布。当然，如果能强制用户在安装应用程序之前安装一个本地数据库服务也是可行的，例如微软公司的很多软件，都要求用户事先安装好指定版本的.Net Framework。不过这种方式的用户体验显然不会很好，除非是企业级用户。因此，区块链应用大多采用轻量级或嵌入式的数据库作为数据存储的后台系统。

常见的数据库有关系数据库和非关系数据库，前者有 SQL Server、Oracle、MySQL、SQLite 等数据库，后者有 Redis、LevelDB、RocksDB 等数据库。在本章中，我们将主要介绍轻量级的关系数据库 SQLite 和非关系数据库 LevelDB。

7.1 SQLite 数据库

SQLite 是一款轻量级的、遵守 ACID 的关系数据库，已经在嵌入式产品中广泛使用。它所占用的系统资源非常少，在嵌入式设备中，可能只需要占用几百千字节的内存。SQLite 支持 Windows、Linux、UNIX 等主流的操作系统，提供诸多常见编程语言的开放式数据库互连（Open Data Database Connectivity，ODBC）接口，使用起来非常方便。

SQLite 数据库是基于文件而非内存的，它的所有数据都被保存在本地的一个以“.db”为扩展名的文件中，而且不依赖于任何服务。因此，用户可以将数据库打包到自己的应用中，而无须在安装应用系统之前安装额外的数据库。不过，SQLite 的性能在遇到大数据量的时候不太理想，开发人员需要通过各种优化手段和架构来控制单个数据库的数据量，例如采用分库等方式。

嵌入式数据库简介及 SQLite 编程示例

7.1.1 SQLite 常用 API 简介

利用 Python 与 SQLite 数据库进行交互时，我们通常会用到 sqlite3 模块。该模块提供了一个与 PEP 249 描述的 DB-API 2.0 规范兼容的 SQL 接口。Python 2.5.x 以上版本默认自带了该模块，因此用户不需要单独安装，使用时直接通过 import sqlite3 语句引用即可。

sqlite3 模块中封装了诸多与 Python 交互的 API，其中常见 API 定义及其功能描述如表 7-1 所示。

表 7-1 sqlite3 模块中常见 API 及其功能描述

序号	API 名称	功能描述
1	sqlite3.connect(database [,timeout ,other optional arguments])	该方法用于打开一个到 SQLite 数据库文件 database 的连接。可以使用":memory:"在随机存取器（Random Access Memory，RAM）中打开一个到 database 的数据库连接，而不是在磁盘上打开。如果数据库成功打开，则返回一个连接对象。当一个数据库被多个连接访问，且其中一个修改了数据库时，SQLite 数据库被锁定，直到事务提交。timeout 参数表示连接等待锁定的持续时间，直到发生异常才会断开连接。timeout 参数的默认值是 5.0（5 s）。如果给定名称的数据库不存在，则该方法将创建一个数据库。如果不想在当前目录中创建数据库，那么可以指定带有路径的文件名，这样就能在任意地方创建数据库
2	connection.cursor([cursor Class])	该方法用于创建一个光标对象，它将会在 Python 数据库编程中用到。该方法接收单一的可选参数 cursorClass。如果提供该参数，它必须是一个扩展自 sqlite3.Cursor 的自定义 Cursor 类
3	cursor.execute(sql [, optional parameters])	该方法用于执行一条 SQL 语句。该 SQL 语句可以被参数化（使用占位符代替 SQL 文本）。sqlite3 模块支持两种类型的占位符：问号和命名占位符（命名样式）。例如：cursor.execute ("insert into people values (?, ?)", (who, age))
4	connection.execute(sql [, optional parameters])	该方法是由光标对象提供的 execute()方法的快捷方式，它通过调用光标对象的方法创建一个中间的光标对象，然后通过给定的参数调用光标对象的 execute()方法

续表

序号	API 名称	功能描述
5	cursor.executemany(sql, seq_of_parameters)	该方法用于对 seq_of_parameters 中的所有参数或映射执行一条 SQL 语句
6	connection.executemany (sql[, parameters])	该方法是一个由光标对象提供的 executemany()方法的快捷方式，调用该方法时会创建中间的光标对象，然后通过给定的参数调用光标对象的 executemany()方法
7	cursor.executescript(sql_script)	该方法一旦接收到脚本，就会执行多条 SQL 语句。它首先执行 COMMIT 语句，然后执行作为参数传入的 SQL 脚本。脚本中所有的 SQL 语句应该用分号分隔
8	connection.executescript (sql_script)	该方法是一个由光标对象提供的 executescript()方法的快捷方式，调用该方法时会创建中间的光标对象，然后通过给定的参数调用光标对象的 executescript()方法
9	connection.total_changes()	该方法用于返回自数据库连接打开以来被修改、插入或删除的数据总行数
10	connection.commit()	该方法用于提交当前的事务。如果未调用该方法，那么自上一次调用 commit()方法以来所做的全部操作对其他数据库连接来说都是不可见的
11	connection.rollback()	该方法用于回滚自上一次调用 commit()方法以来对数据库所做的更改
12	connection.close()	该方法用于关闭数据库连接。请注意，该方法不会自动调用 commit()方法。如果未调用 commit() 方法就直接关闭数据库连接，则所做的所有更改将全部丢失
13	cursor.fetchone()	该方法用于获取查询结果集中的下一行，返回单一序列。当没有更多可用的数据时，返回 None
14	cursor.fetchmany([size= cursor.arraysize])	该方法用于获取查询结果集中的下一行组，返回一个列表。当没有更多可用的行时，返回一个空的列表。该方法会尝试获取由 size 参数指定的尽可能多的行
15	cursor.fetchall()	该方法用于获取查询结果集中所有（剩余）的行，返回一个列表。若无可用行，则返回一个空列表

7.1.2 SQLite 编程应用示例

SQLite 数据库操作的一般流程如下。

（1）通过 sqlite3.open()方法创建连接数据库文件的对象 connection。

（2）通过 connection.cursor()方法创建光标对象 cursor。

（3）通过 cursor.execute()方法执行 SQL 语句。

（4）通过 connection.commit()方法提交当前的事务，或者通过 cursor.fetchall()方法获得查询结果。

（5）通过 connection.close()方法关闭与数据库文件的连接。

示例代码如下。

```
import sqlite3
conn = sqlite3.connect("test.db")  #创建数据库文件并建立连接
cursor = conn.cursor()             创建光标对象
sql="CREATE TABLE IF NOT EXISTS students (sid INTEGER PRIMARY KEY, GraduateName TEXT)"
cursor.execute(sql)                #执行 SQL 语句，创建一张数据表
conn.commit()                      #提交事务
conn.close()                       #关闭数据库连接
```

上述代码中，conn 是与数据库文件 test.db 进行连接的对象，cursor 是 conn 的光标对象，通过 cursor.execute()方法执行建表操作，创建了一张简单的毕业生信息表（信息包括学号、名字），通过 conn.commit()方法提交事务，最后用 conn.close()方法关闭连接。调用 sqlite3.connect()方法时如果发现数据库文件不存在，则会自动创建。本示例使用文件来建立数据库，也可以使用":memory:"来建立内存数据库。

以下为一个完整的对数据库记录进行增、删、改、查操作的示例，代码如下。

```
import sqlite3

def initialize(conn):                    #创建数据表
  cursor = conn.cursor()
  cursor.execute("CREATE TABLE Graduates (sid INTEGER PRIMARY KEY,
  GraduateName TEXT)")
  conn.commit()

def insert(conn, sid, name):          #插入数据
   cursor = conn.cursor()
    t = (sid, name)
    cursor.execute("INSERT INTO Graduates VALUES (?, ?)", t)
    conn.commit()

def delete(conn, sid):                   #删除符合条件的记录
    cursor = conn.cursor()
    t = (sid, )
    cursor.execute("DELETE FROM Graduates WHERE sid = ?", t)
    conn.commit()

def update(conn, sid, name):          #更新符合条件的记录
    cursor = conn.cursor()
    t = (name, sid)
    cursor.execute("UPDATE Graduates SET GraduateName = ? WHERE sid = ?", t)
    conn.commit()

def display(conn):                       #显示数据库内容
    cursor = conn.cursor()
    cursor.execute("SELECT * FROM Graduates")
    print(cursor.fetchall())

db_name = ":memory:"                     #使用内存数据库
conn = sqlite3.connect(db_name)      #建立数据库连接

initialize(conn)
print("内存数据库初始化......")
```

```
print("\n------向数据库中插入 3 条记录------")
insert(conn, 1, "Alice")
insert(conn, 2, "Bob")
insert(conn, 3, "Charlie")
display(conn)

print("\n------删除学号为 1 的学生记录------")
delete(conn, 1)
display(conn)

print("\n------更新学号为 3 的学生记录------")
update(conn, 3, "Derek")
display(conn)
conn.close()
```

运行代码，结果如下。

```
内存数据库初始化......

------向数据库中插入 3 条记录------
[(1, 'Alice'), (2, 'Bob'), (3, 'Charlie')]

------删除学号为 1 的学生记录------
[(2, 'Bob'), (3, 'Charlie')]

------更新学号为 3 的学生记录------
[(2, 'Bob'), (3, 'Derek')]
```

7.2 LevelDB 数据库

LevelDB 是一款非常高效的、基于键值对读写的非关系数据库。与 SQLite 类似，LevelDB 也基于文件系统，可以被打包嵌入应用系统中。LevelDB 具有很高的写性能，由于设计简单，它的读性能也完全不输于内存级的非关系数据库。当然，因为 LevelDB 简单，所以它不具备数据库分区、分库等功能，我们需要通过合理地控制键的开头，来保证可以通过具有某种规律性的键来找到想要的数据集合。

7.2.1 LevelDB 的安装

在 Anaconda 控制台中执行以下 git 命令，从 LevelDB 的 GitHub 官方网站（其地址参见本书附带的电子资源）中复制一份源代码，并保存在当前目录下以 LevelDB 源代码项目命名的文件夹中（例如 py-leveldb-windows）。

```
git clone --recurse-submodules  LevelDB的GitHub官方网站的地址
```

用 Microsoft Visual Studio 2019 打开 py-leveldb-windows 目录中的项目文件 leveldb_ext.sln，对其进行图 7-1 所示的相关设置，并将编译模式设为"Release X64"，然后开始编译。

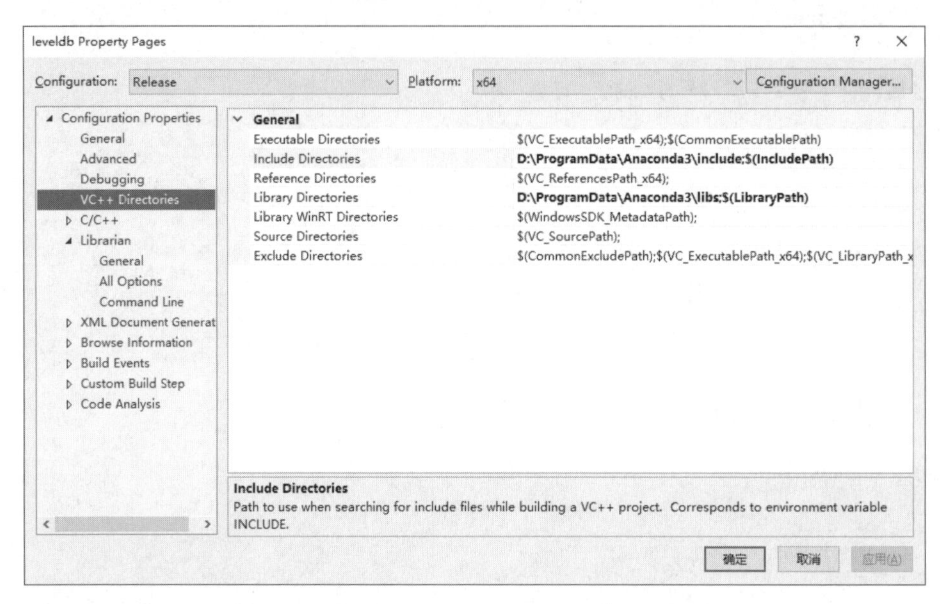

图 7-1　Microsoft Visual Studio 2019 的项目设置

编译完成后，将./x64/Release/leveldb.pyd 复制到用户的 Anaconda 所在目录下的/Lib/site-packages 目录中即可。

7.2.2　LevelDB 编程应用示例

LevelDB 数据库的用法较之 SQLite 相对简单，基本操作如下。

1．建立数据库连接

LevelDB 也是基于文件的数据库，因此在创建数据库连接时，会在当前目录下自动生成一个以数据库名称命名的文件夹，同时在该文件夹中生成与数据库相关的其他文件，如图 7-2 所示。

图 7-2　LevelDB 自动生成的数据库文件

LevelDB 数据库文件的创建和初始化连接的示例代码如下。

```
>>>import leveldb
>>>db = leveldb.LevelDB("./graduates")
```

2. 插入数据

在 LevelDB 数据库中，使用 Put(Key, Value)命令可以插入数据。其中，Key 和 Value 都要求是字节数据而不是字符串，否则会抛出错误，错误信息如下。

```
>>>db.Put('Name','Jiantao Lu')
TypeError: a bytes-like object is required, not 'str'
```

因此，我们需要在插入数据时，对字符串进行编码，将它们转换为字节数据，通常有以下两种方式。

（1）通过在字符串前添加“b”进行强制类型转换，如下。

```
>>>db.Put(b'Name',b'Jiantao Lu')
```

（2）通过在字符串后使用 encode()方法进行编码转换，如下。

```
>>>db.Put(b'Name','Jiantao Lu'.encode())
>>>db.Put('Name'.encode(),'Jiantao Lu'.encode())
```

3. 获取数据

在 LevelDB 数据库中，使用 Get(Key)命令来获取指定 Key 的值，如下。

```
>>>db.Get(b'Name')
bytearray(b'Jiantao Lu')
```

4. 删除数据

在 LevelDB 数据库中，使用 Delete(Key)命令来删除指定 Key 所对应的数据记录，如下。

```
>>>db.Delete(b'Name')
```

5. 更改数据

在 LevelDB 数据库中，没有专用的、类似传统 SQL 数据库的 UPDATE 命令、用来对数据进行更新的命令，但我们仍然可以通过 Put(Key, Value)命令来实现，如下。

```
>>>db.Put('Name'.encode(),'Jiantao Lu'.encode())
>>>db.Get(b'Name')
bytearray(b'Jiantao Lu')
>>>db.Put('Name'.encode(),'Helen He'.encode())
>>>db.Get(b'Name')
bytearray(b'Helen He')
```

此外，LevelDB 没有提供 commit()命令，可以用 WriteBatch()命令实现在更改多条记录后的一次性提交，示例代码如下。

```
>>>batch = leveldb.WriteBatch()
>>>batch.Put(b'Country',b'China');
>>>batch.Put(b'Province', b'Sichuan')
>>>batch.Put(b'City', b'Chengdu')
>>>batch.Delete(b'Province')
>>>db.Write(batch, sync = True)
>>>db.Get(b'City')
bytearray(b'Chengdu')
>>>db.Get(b'Country')
bytearray(b'China')
>>>db.Get(b'Province')
Traceback (most recent call last):
  File "<stdin>", line 1, in <module>
KeyError
```

下面的示例代码演示了类似于 SQL 数据库的增、删、改、查等基本操作。

```
import leveldb                          #导入 LevelDB 数据库模块
import time

def initialize():                       #初始化数据库
    db = leveldb.LevelDB("./Graduates")
    return db

def insert(db, sid, GraduateName):      #插入数据
    db.Put(sid.encode(), GraduateName.encode())

def delete(db, sid):                    #删除数据
    db.Delete(sid.encode())

def update(db, sid, GraduateName):      #更新数据
    db.Put(sid.encode(), GraduateName.encode())

def search(db, sid):                    #信息查询
    GraduateName = db.Get(sid.encode())
    return GraduateName

def display(db):                        #显示结果
    for key, value in db.RangeIter():   #循环遍历数据库中的所有记录
        print(key, value)               #输出记录中的键值对

start_time=time.time()                  #主程序开始时间
```

```
db = initialize()
print ("==========插入 3 条新记录=========")
insert(db, "1", "Alice")
insert(db, "2", "Bob")
insert(db, "3", "Charlie")
display(db)

print ("\n==========删除 sid=1 的记录==========")
delete(db, '1')
display(db)

print ("\n==========更新 sid=3 的记录==========")
update(db, '3', "Derek")
display(db)

print ("\n==========获取 sid=3 的学生姓名==========")
GraduateName = search(db, '3')
print(GraduateName)

end_time=time.time() #主程序结束时间
print("\n 总耗时: ",end_time-start_time,"s")
```

运行代码，结果如下。

```
==========插入 3 条新记录=========
bytearray(b'1') bytearray(b'Alice')
bytearray(b'2') bytearray(b'Bob')
bytearray(b'3') bytearray(b'Charlie')

==========删除 sid=1 的记录==========
bytearray(b'2') bytearray(b'Bob')
bytearray(b'3') bytearray(b'Charlie')

==========更新 sid=3 的记录==========
bytearray(b'2') bytearray(b'Bob')
bytearray(b'3') bytearray(b'Derek')

==========获取 sid=3 的学生姓名==========
bytearray(b'Derek')

总耗时:  0.015622138977050781 s
```

7.3 本章小结

本章主要介绍了两种常见的轻量级、嵌入式数据库，即 SQLite 和 LevelDB，其中前者为关系数据库，而后者为非关系数据库。本章通过一些具体的 Python 示例代码演示了对数据库的编程交互，包括与数据库的连接，以及对数据进行增、删、改、查等基本操作。

嵌入式数据库在区块链的实际应用中起着非常重要的作用，它们一般用于非上链附属数据的存储。这些数据在区块链应用系统中不可或缺，只是因为区块链资源本身的稀缺性，我们不能也没必要将所有相关数据都上链存储。在这种情形下，我们需要借助数据库来实现非核心数据的存储，而嵌入式数据库因为可以作为独立文件存在，而且系统资源占用率较低，所以非常适合大多数的区块链系统应用场景。当然，在区块链应用中基于各自的需求，也可以使用其他关系或非关系的非嵌入式大型数据库。

7.4 习题

1. 区块链应用系统中的数据都存于链上吗？若不是，请简述原因。
2. 简述嵌入式数据库的特点及其应用场景。
3. 分别用 SQLite 数据库和 LevelDB 数据库实现一个简单的学生信息管理系统。

第8章 基于区块链的电子证书认证系统

电子证书认证在互联网和电子商务等领域的应用十分广泛，然而，传统的认证电子证书的方法是建立中心化的、以公钥基础设施为标准的电子证书认证中心，这种方法不仅公开度和透明度较低，容易受到攻击和篡改，并且针对同一电子证书的认证需求不能让同行业共同监督和参与，电子证书的公信度较低。

众所周知，区块链技术具有去中心化、数据公开透明和不可篡改等特性。这些特性完全可以用来处理电子证书认证的业务场景，实现用户提交电子证书的认证与存证等相关功能，为接入区块链系统的高校、政府、企业及其他社会组织等提供各类电子证书的查验与认证服务，同时具有较高的公信度。

本章将基于以太坊区块链技术、嵌入式数据库技术、IPFS 存储技术等来实现一个电子证书认证系统。

8.1 技术准备

在本章的示例中涉及的电子证书、简历等文档都将采用 PDF 格式，因此，我们需要事先了解一些与 PDF 文档操作相关的知识，包括文档内容解析、元数据的添加与修改、字段信息的读取与填充等。

8.1.1 基于 PDFMiner 的 PDF 文档内容解析

PDFMiner 是一个用于从 PDF 文档中提取信息的工具，它允许用户获取页面中文本的确切位置、字体、线条等相关信息。在 Anaconda 控制台中执行以下命令即可快速完成 PDFMiner 的在线安装。

```
pip install pdfminer
#清华大学镜像源
pip install pdfminer -i        //pypi.tuna.tsinghua.edu.cn/simple
#豆瓣镜像源
```

```
pip install pdfminer -i      //pypi.doubanio.com/simple
```

由于 PDF 文档具有复杂的结构，解析一个完整的 PDF 文档非常占用时间和内存，因此，PDFMiner 采用了一种被称为“Lazy Parsing”的解析策略，就是只解析用户需要的部分，以减少时间和内存的占用。进行文档解析时，PDFMiner 的两个核心模块 PDFParser 和 PDFDocument 不可或缺，此外，还有几个模块可以配合使用。PDFMiner 的主要模块及其功能说明如表 8-1 所示，它们之间的关系如图 8-1 所示。

表 8-1　PDFMiner 的主要模块及其功能说明

模　　块	功 能 说 明
PDFParser	从文档中提取数据
PDFDocument	将文档数据结构保存至内存中
PDFPageInterpreter	解析页面内容
PDFDevice	把解析到的内容转化为用户需要的东西
PDFResourceManager	保存共享资源，例如字体、图片等

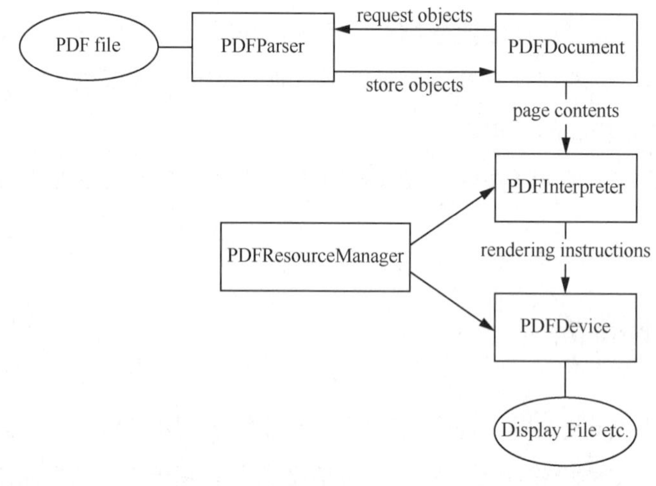

图 8-1　PDFMiner 的主要模块之间的关系

以下示例代码基于 PDFMiner 从一个 PDF 文档中解析出文档内容。

```
import io
import json
from pdfminer.converter import TextConverter
from pdfminer.pdfinterp import PDFPageInterpreter
from pdfminer.pdfinterp import PDFResourceManager
from pdfminer.pdfpage import PDFPage

def extract_text_from_pdf(pdf_path):
    #创建 PDF 资源管理器来管理共享资源
    resource_manager = PDFResourceManager()
```

```
    #创建一个类文件对象
    file_handle = io.StringIO()
    #创建一个文本转换器
    converter = TextConverter(resource_manager, file_handle)
    #创建一个 PDF 解释器对象
    page_interpreter = PDFPageInterpreter(resource_manager, converter)

    with open(pdf_path, 'rb') as fh:
        for page in PDFPage.get_pages(fh,
                                      caching=True,
                                      check_extractable=True):
            page_interpreter.process_page(page)
        text = file_handle.getvalue()

    #关闭打开的文件转换器和类文件对象
    converter.close()
    file_handle.close()

    #返回解析出的 PDF 文档内容
    if text:
        return text

if __name__ == '__main__':
    path = 'certi.pdf' #示例 PDF 文档
    print(extract_text_from_pdf(path))
```

8.1.2 PDF 文档元数据的添加与修改

作为一种非明显可见的对象，元数据（Metadata）可以存储在文档、电子表格、图片、音频、视频等文件中。创建这些文件的应用程序可能会将文件的创建者、创建或修改的时间、可能的更新版本、注释等信息记录下来。例如，在用数码相机拍照的时候，所拍摄的照片通常会将全球定位系统（Global Positioning System，GPS）信息、相机型号、感光度、快门速度、光圈等参数都记录下来，这些数据就是元数据。

通过 Python 代码对 PDF 文档的元数据进行操作，通常会用到 PyPDF 库（其官方网站的地址参见本书附带的电子资源）。通过 PyPDF 库，我们可以轻松地处理 PDF 文档，它提供读、写、分割、合并、文件转换等多种操作，还可以用于添加自定义数据到 PDF 文档中。下面的示例代码演示了如何读取指定 PDF 文档的元数据、添加自定义元数据并生成新的 PDF 文档。

```
from PyPDF2 import PdfFileReader, PdfFileWriter #导入 PyPDF2，用于操作 PDF 文档的元数据


pdfReader = PdfFileReader(open("demo.pdf", 'rb')) #读取 PDF 文档
```

```
print(pdfReader.getDocumentInfo())        #显示 PDF 文档的元数据

pdfWriter = PdfFileWriter()               #初始化 pdfWriter 对象

#自定义元数据
metaData={
    '/Producer':'LYUGUANG',
    '/Issuer':'Skyland University',
    '/Graduate':'James Lu',
    '/Issuing_Date':'2020-03-05',
    '/ChainInfo':'Ganache-cli 127.0.0.1:5001',
    '/BlockNumber':'3',
    '/TransactionHash':'0x3mPi9emrydB8QyovUo8S4ciJ9VppqsRZTsC1cuZsJtRamE',
    '/IPFS_Hash':'QmPi9emrydB8QyovUo8S4ciJ9VppqsRZTsC1cuZsJtRamE',
    '/SecretMessage':'{"Password":"admin123","Phrase":"You\
                      know it.","Message":"Hi,there!"}' }

pdfWriter.addMetadata(metaData)                     #为 pdfWriter 对象添加自定义元数据
pdfWriter.appendPagesFromReader(pdfReader)          #添加数据到 PDF 文档
pdfWriter.write(open('newfile.pdf', 'wb+'))         #生成包含自定义元数据的新 PDF 文档

#显示新 PDF 文档的元数据
pdfReader = PdfFileReader(open("newfile.pdf", 'rb'))
new_meta=pdfReader.getDocumentInfo()
print(new_meta)

#读取其中一个键被打包成字符串的值，该字符串中包含一个字典
smessage=eval(new_meta["/SecretMessage"])           #将字符串还原成字典
print("\nUnpacking Packed Information:")
print("Password:",smessage["Password"])
print("Phrase:",smessage["Phrase"])
print("Message:",smessage["Message"])
```

运行程序，在当前目录下生成名为“newfile.pdf”的 PDF 文档，同时，控制台的输出信息如下。

```
{'/Title': 'demo', '/CreationDate': 'D:20210610053531Z', '/ModDate': 'D:20210610053531Z'}
{'/Producer': 'LYUGUANG', '/Issuer': 'Skyland University', '/Graduate': 'James Lu', '/Issuing_Date': '2020-03-05', '/ChainInfo': 'Ganache-cli 127.0.0.1:5001', '/BlockNumber': '3', '/TransactionHash': '0x3mPi9emrydB8QyovUo8S4ciJ9VppqsRZTsC1cuZsJtRamE', '/IPFS_Hash': 'QmPi9emrydB8QyovUo8S4ciJ9VppqsRZTsC1cuZsJtRamE', '/SecretMessage': '{"Password":"admin123","Phrase":"You know it.","Message":"Hi,there!"}'}

Unpacking Packed Information:
Password: admin123
```

```
Phrase: You know it.
Message: Hi,there!
```

可以看出，新生成的文档中已经包含刚添加的自定义元数据。双击打开该文档，会发现其显示内容与原 PDF 文档一致，新添加的信息并不会在文档内容中显示出来。通过这种方式，我们可以在签署电子证书时增添一些附加信息，并将其中的核心信息上链存储，从而达到电子证书防伪的目的。

基于元数据的证书防伪原理

为 PDF 文档添加自定义元数据时，通常采用的是 Python 字典，即键值对形式。要注意的是，PDF 文档认可的键需要以“/”作为开头，否则用 PyPDF 进行解析时会抛出异常。然而，对于上例，/SecretMessage 所对应的值虽然也包含一个字典，但是该字典作为字符串被整体打包为该键的值，因此其中的键不需要以“/”作为开头，当然以“/”作为开头也不会产生任何影响。对于打包为字符串的字典，在读取其中内容之前需要用 Python 的 eval() 函数将其从字符串还原成字典。

8.1.3 PDF 文档字段的读取与填充

FillPdf 是一个基于 pdfrw、pdf2image、Pillow、PyPDF 等模块的开源第三方 Python 库（其官方网站地址参见本书附带的电子资源），因此安装 FillPdf 库的同时，上述其他几个第三方 Python 库也将被一并安装。通过 FillPdf 库可以实现读取 PDF 模板（可编辑的 PDF 文档）中的字段（Fields）、对 PDF 模板中的指定字段进行数据填充、展平 PDF 文档（变成不可编辑的 PDF 文档）等操作。

在 Anaconda 控制台中执行以下命令即可快速完成 FillPdf 库的在线安装。

```
pip install fillpdf
#清华大学镜像源
pip install fillpdf-i       //pypi.tuna.tsinghua.edu.cn/simple
#豆瓣镜像源
pip install fillpdf -i       //pypi.doubanio.com/simple
```

利用 FillPdf 进行展平操作时，需要用到 Poppler，它是一个用来生成 PDF 文档的 C++ 类库，从 Xpdf 继承而来。Poppler 使用了很多先进的类库，例如 freetype 和 cairois，来实现更好的输出效果，同时提供了命令行工具包。Poppler 的安装过程相对简单，只需从其官方网站（其地址参见本书附带的电子资源）中下载 Windows 版本的安装包，解压后将其所在目录添加到系统的 PATH 变量中即可。

FillPdf 常用的 API 函数有以下 3 个。

- get_form_fields(pdf_file_path)：获取 PDF 文档字段。
- write_fillable_pdf()：对可编辑字段进行填充。

- flatten_pdf()：对填充后的 PDF 文档进行展平操作（文档变为不可编辑状态）。

PDF 模板数据填充与展平

以下示例代码演示了如何利用 FillPdf 库从 PDF 模板中读取字段，并进行填充、展平等操作。

```
from fillpdf import fillpdfs                              #导入 FillPdf 库
fields=fillpdfs.get_form_fields('template.pdf')           #获取 PDF 文档字段
print('Retrieved Fields:',fields)                         #显示获取的字段
fields=list(fields)
data_dict={fields[0]: '2021-05-03', fields[1]: '98.3/100', fields[2]:'James Lu', fields[3]:'Philosophy'}
print(data_dict)
#对文档中相关字段进行数据填充
fillpdfs.write_fillable_pdf('template.pdf', 'output.pdf',data_dict)
#展平数据填充后的文档
fillpdfs.flatten_pdf('output.pdf', "flatten.pdf")
print("File Processing completed.")
```

运行程序，控制台中输出结果如下。

```
Retrieved Fields: {'Date': '', 'Score': '', 'studentName': '', 'courseName': ''}
{'Date': '2021-05-03', 'Score': '98.3/100', 'studentName': 'James Lu', 'courseName': 'Python Programming'}
File Processing completed.
```

此外，在当前目录下将会生成 output.pdf 和 flatten.pdf 两个文件。其中，前者为模板经填充之后生成的 PDF 文档，其内容如图 8-2（b）所示；后者为展平后的 PDF 文档，内容如图 8-2（c）所示。模板格式和内容如图 8-2（a）所示，可填充的字段有 4 个，分别为 StudentName、courseName、Score 及 Date。

（a）原始模板

图 8-2　PDF 模板的填充与展平

（b）数据填充

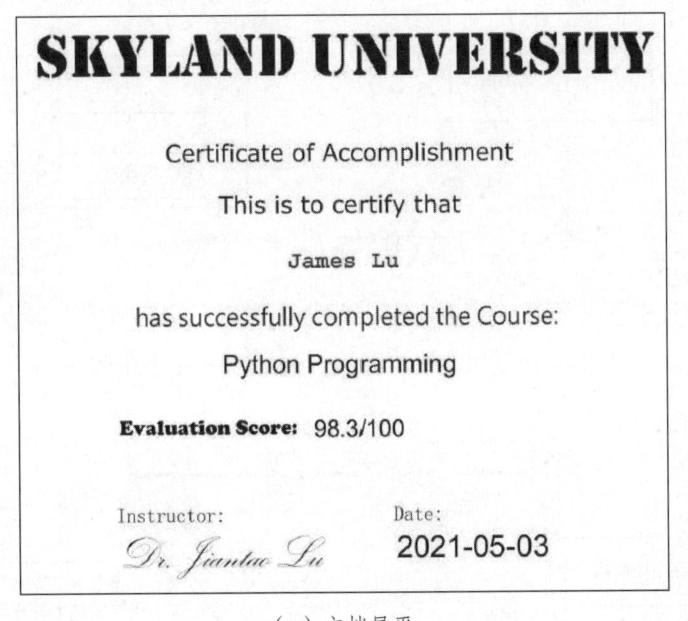

（c）文档展平

图 8-2 PDF 模板的填充与展平（续）

8.2 基于区块链的电子证书认证系统设计

我们设计的电子证书认证系统主要用于验证申请人面试过程所需的基本文件，通过区块链技术增大信息的透明度，并防止用户伪造身份。区块链技术提供了不可篡改和可公开验证的交易，利用这些特性可以生成防伪的、易于验证的电子证书。

8.2.1 系统逻辑功能设计

基于区块链的电子证书认证系统的架构如图 8-3 所示，我们将采用 Flask 框架来实现一个基于 Web 的应用，对于区块链，则采用前文讨论过的部署在本地的以太坊系统，并以 Web3 模块提供的 API 与之交互，实现数据上链与读取。数据存储与查询功能则采用 SQLite 数据库及 SQL 来实现。系统的核心功能包括电子证书签署和电子证书真伪查验，此外，还包括电子证书撤销、信息查询、数据存储等辅助功能。

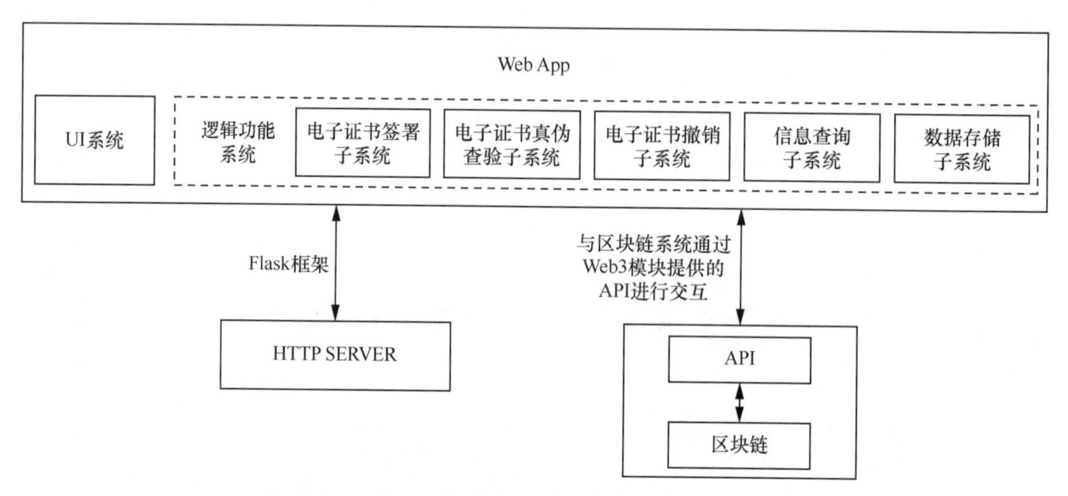

图 8-3 基于区块链的电子证书认证系统的架构

其中，电子证书签署子系统的主要用户为大学/学院、研究机构、培训学校等电子证书签署发放单位，其主要业务流程如图 8-4 所示，包括以下几个步骤。

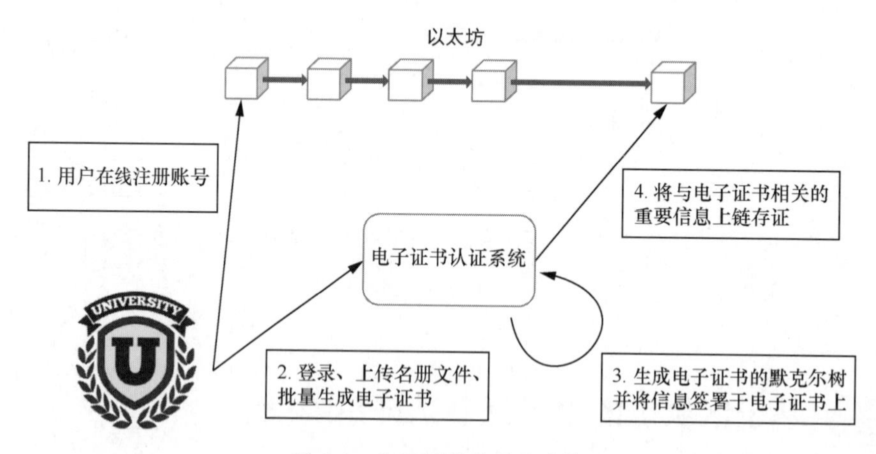

图 8-4 电子证书签署子系统

（1）大学、研究机构、培训学校等用户在线注册账户。

（2）用注册的账户登录系统，并上传包含电子证书所需信息的名册文件，利用名册文件和电子证书模板来批量生成电子证书。

（3）为每个电子证书生成与之相关的默克尔树，并将这些信息签署于电子证书上。

（4）将与电子证书相关的重要信息上链存证。

电子证书真伪查验子系统，主要用户为企事业单位等雇主机构，其主要业务流程如图 8-5 所示，包括以下几个步骤。

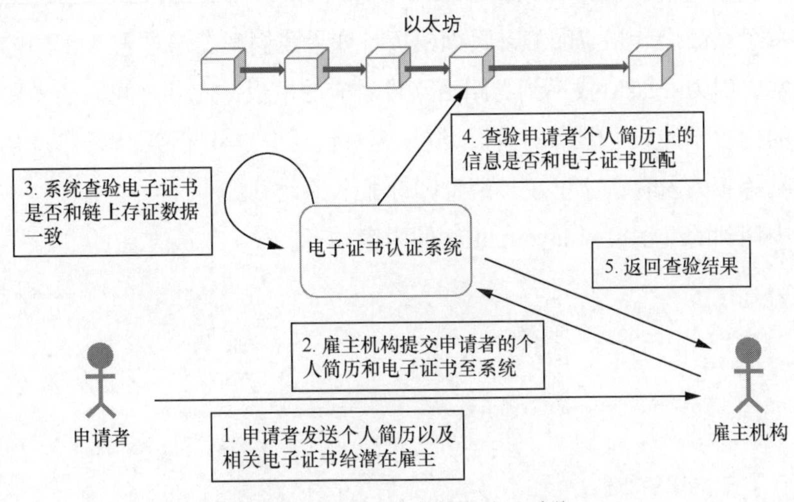

图 8-5 电子证书真伪查验子系统

（1）申请者发送个人简历以及相关电子证书给潜在雇主。

（2）雇主机构向系统提交申请者的个人简历和电子证书，以查验数据信息的真实性。

（3）系统查验电子证书是否和链上存证数据一致，以判断真伪。

（4）查验申请者个人简历上的信息是否与电子证书上的信息匹配。

（5）返回查验结果。

8.2.2 系统 UI 设计

基于系统逻辑功能设计，我们在 Flask 框架下设计整个系统的主要功能页面，包括系统首页、用户登录页面、电子证书批量签署与上链页面、简历与电子证书数据验证页面、电子证书撤销页面、综合信息查询页面等。每个页面分别对应着不同的 Flask 路由路径，以及与之相关的视图函数。表 8-2 列出了与页面对应的路由路径，而与之对应的视图函数的具体实现将在后文中详细讨论。

表 8-2 与页面对应的路由路径

页　面	路 由 路 径
系统首页	127.0.0.1:5000/
用户登录页面	127.0.0.1:5000/login
用户登出页面	127.0.0.1:5000/logout

页　面	路 由 路 径
电子证书批量签署与上链页面	127.0.0.1:5000/upload
简历与电子证书数据验证页面	127.0.0.1:5000/verify
电子证书撤销页面	127.0.0.1:5000/revoke
综合信息查询页面	127.0.0.1:5000/query

需要为每个页面设计相应的静态页面模板。如果我们现在请求表 8-2 中的路由路径，只会得到异常，因为 Flask 找不到与路由路径对应的模板。此外，我们还需要将所有页面中重复用到的内容设计成可继承的模板。继承模板包括 HTML 框架、网页头和用于登录(或注销)的链接等相关内容，这里还是消息闪烁显示的地方。

该项目中用到的继承模板 layout.html 的内容如下。

```
<!DOCTYPE html>
<html class="no-js" lang="en">
<head>
    <meta http-equiv="x-ua-compatible" content="ie=edge">
    <meta name="viewport" content="width=device-width, initial-scale=1.0" />
    <meta charset="utf-8">
    <title>Certificate Authentication System</title>
    <link rel="stylesheet" href="{{ url_for('static',filename='styles/all.css')}}"
crossorigin="anonymous">
    <link rel="icon" href="../static/images/logo.png" type="image/gif" sizes=
"16x16">
    <link rel="stylesheet" href="{{url_for('static',filename='styles/bootstrap.
min.css')}}" crossorigin="anonymous">
    <link rel="stylesheet" href="{{url_for('static',filename='styles/base.css')}}">
    {% block head %}{% endblock %}
</head>

<body>
    {% include 'includes/_navbar.html' %}
    <div class="container mt-5 pt-5">
      {% include 'includes/_messages.html' %}
      <br>
      {% block body %}{% endblock%}
    </div>
    <script src="{{url_for('static',filename='styles/jquery-.3.1.slim.min.js')}}"
    <script src="{{url_for('static',filename='styles/popper.min.js')}}"
      crossorigin="anonymous"></script>
    <script src="{{url_for('static',filename='styles/bootstrap.min.js')}}"
      crossorigin="anonymous"></script>
    <script type="text/javascript">
      $('#uploadInput').change(function(){
        $('#uploadText').text("1 File(s) selected");
```

```
        });
        $('#pdfInput').change(function(){
          $('#pdfText').text("1 File(s) selected");
        });
        $('#jsonInput').change(function(){
          $('#jsonText').text("1 File(s) selected");
        });
      </script> {% block end_body %}{% endblock %}
   </body>
   </html>
```

上述模板中包含一个导航工具栏嵌入页面_navbar.html，其内容如下。

```
   <nav class="navbar navbar-expand-md navbar-light fixed-top bg-white" style=
"border-bottom: #1ac9e4 4px solid;">
     <div class="container-fluid">
        <a class="navbar-brand" href="/">
            <img src="../../static/images/logo.png" width="30" height="30" class="d-
inline-block align-top" alt="">
            CertAuth
          </a>
       <button class="navbar-toggler" data-toggle="collapse" data-target="#navbar
Collapse">
         <span class="navbar-toggler-icon"></span>
       </button>
       <div class="collapse navbar-collapse" id="navbarCollapse">
         <ul class="navbar-nav ml-auto">
           <li class="nav-item">
             <a href="/login" class="nav-link" style="color:blue">登录</a>
           </li>
           <li class="nav-item">
             <a href="/logout" class="nav-link" style="color:blue">登出</a>
           </li>
           <li class="nav-item">
             <a href="/upload" class="nav-link" style="color:blue">批量签署</a>
           </li>
           <li class="nav-item">
             <a href="/verify" class="nav-link" style="color:blue">电子证书验证</a>
           </li>
           <li class="nav-item">
             <a href="/revoke" class="nav-link" style="color:blue">电子证书撤销</a>
           </li>
           <li class="nav-item">
             <a href="/query" class="nav-link" style="color:blue">信息查询</a>
           </li>
         </ul>
       </div>
```

```
  </div>
</nav>
```

设计完成的系统首页如图 8-6 所示。

图 8-6　系统首页

系统首页对应的模板文件内容如下。

```
{% extends 'layout.html' %}
{% block body %}
<div class="">
<div class="container mt-5" style="height: 640px;
      background-image: url('../static/images/logoname.jpg');
      background-repeat: no-repeat; background-size: contain">
</div>
<div>
<p align=center>
<H>Copyright ©2020-2099 J.T.Lu Technology Studio. All Rights Reserved.</H>
</p>
</div>
</div>
{% endblock %}
```

设计完成的用户登录页面如图 8-7 所示。

图 8-7　用户登录页面

用户登录页面对应的模板文件内容如下。

```
{% extends 'layout.html' %}
{% block body %}
<div class="container">
  <div class="row pt-5">
    <div class="col"></div>
    <div class="col">
      <h1>用户登录</h1>
      <BR>
      <form action="" method="POST">
        <div class="form-group">
          <label>用户名</label>
          <input type="text" name="username" class="form-control" value={{request.
form.username}}>
        </div>
        <div class="form-group">
          <label>密码</label>
          <input type="password" name="password" class="form-control" value=
{{request.form.password}}>
        </div>
          <button type="submit" class="btn bg-white text-dark btn-lg btn-block mt-5"
style="border-bottom: #1ac9e4 4px solid;">登录</button>


      </form>
    </div>
    <div class="col"></div>
  </div>
```

```
</div>
{% endblock %}
```

设计完成的电子证书批量签署与数据上链页面如图 8-8 所示。

图 8-8 电子证书批量签署与数据上链页面

电子证书批量签署与数据上链页面对应的模板文件内容如下。

```
{% extends 'layout.html' %}
{% block body %}
<h1 class="text-center pt-5" style="color:red">电子证书批量签署与数据上链</h1>
<form id="uploadForm" method="post" action="/upload" enctype="multipart/form-data">
    <div class="bucket uploadBucket">
    <input id="uploadInput" type="file" name="file" autocomplete="off" required>
    <p id="uploadText">将毕业生名册文件拖放于此处或单击此区域。</p>
    <button type="submit" class="btn bg-white text-dark btn-lg btn-block mt-5"
          style="border-bottom: #1ac9e4 4px solid;">签署上链</button>
    </div>
</form>
{% endblock %}
```

设计完成的简历与电子证书数据验证页面如图 8-9 所示。
简历与电子证书数据验证页面对应的模板文件内容如下。

```
{% extends 'layout.html' %}
{% block body %}
<h1 class="text-center pt-5" style="color:red">简历与电子证书数据验证</h1>
<BR>
```

```
<form method="post" action="/verify" enctype="multipart/form-data">
  <div class="container-fluid">
  <div class="row">
  <div class="col bucket m-3">
  <p class="pabs" id="pdfText">单击此处提交个人简历</p>
  <input id="pdfInput" type="file" name="pdf" autocomplete="off" required>
  </div>
  <div class="col bucket m-3">
  <p class="pabs" id="jsonText">单击此处提交电子证书</p>
  <input id="jsonInput" type="file" name="json" autocomplete="off" required>
  </div>
  </div>
  </div>
  <div class="row">
  <div class="col-2"></div>
  <div class="col">
  <button type="submit" class="btn bg-white text-dark btn-lg btn-block mt-5"
   style="border-bottom: #1ac9e4 4px solid;">数据验证</button>
  </div>
  <div class="col-2"></div>
  </div>
</form>
{% endblock %}
```

图 8-9　简历与电子证书数据验证页面

设计完成的电子证书撤销页面如图 8-10 所示。

图 8-10 电子证书撤销页面

电子证书撤销页面对应的模板文件内容如下。

```
{% extends 'layout.html' %}
{% block body %}
<div class="container">
  <div class="row pt-5" style="color:red">
    <div class="col"></div>
    <div >
      <span><h1>电子证书撤销</h1></span>
      <br>
      <form action="/revoke" method="POST">
        <div class="form-group">
          <label>请输入要撤销的电子证书编号</label>
          <input type="text" name="CertNo" class="form-control"
          value={{request.form.studentName}}>
        </div>

        <button type="submit" class="btn bg-white text-dark btn-lg btn-block mt-5"
          style="border-bottom: #1ac9e4 4px solid;">提交</button>
      </form>
    </div>
    <div class="col"></div>
  </div>
</div>
{% endblock %}
```

设计完成的综合信息查询页面如图 8-11 所示。

图 8-11 综合信息查询页面

综合信息查询页面对应的模板文件内容如下。

```
{% extends "layout.html" %}
{% block body %}
<h1 >综合信息查询</h1>
<br>
<form action="/query" method=post>
<dl>
<input type=text size=50 style="color:red" name=searchText>
<input type=submit value="查询" style="color:blue">
</dl>
</form>

{% for entry in CertInfo %}
<li>
 <span style="color:cyan"><h1>{{ entry.GraduateName }}</h1></span>
 <br><span style="color:yellow">Instituition:</span> {{ entry.Institution }}
 <br><span style="color:yellow">Degree:</span> {{ entry.Degree }}
 <br><span style="color:yellow">Year of Completion:</span> {{ entry.IssueYear }}
 <br><span style="color:yellow">Certificate Number:</span> {{ entry.CertNo }}
 <br><span style="color:yellow">Tophash:</span> {{ entry.Merkle_Hash }}
 <br><span style="color:yellow">IPFS Address:</span>
        <a href={{ entry.IPFS }}>{{ entry.IPFS }}</a>
 <br><span style="color:yellow">Certificate Status:</span> {{ entry.CertStatus }}
 <br><span style="color:yellow">Memo:</span> {{ entry.Memo }}
{% else %}
<span style="color:cyan"> </span>
{% endfor %}
{% endblock %}
```

此外，前端页面采用 Bootstrap 框架中 alert 类的预定义风格，用于对不同类型的信息进行显示。alert 类提供了诸多通过预定义背景和字体颜色来体现不同功能用途的警告框。Bootstrap 是目前最受欢迎的前端框架之一，它基于 HTML、CSS、JavaScript，使用起来简洁灵活，使得 Web 开发更加快捷。

为了便于使用，我们已将 Bootstrap 及定义好的 CSS 文件等相关资源（如图 8-12 所示）都放在本书附带的电子资源中，读者只需将其下载并置于自定义的目录下，然后在代码中进行简单调用即可，无须学习该框架的诸多细节。

all.css	2021/6/18 22:50	层叠样式表文档	48 KB
base.css	2021/5/12 15:15	层叠样式表文档	1 KB
bootstrap.min.css	2021/6/18 22:51	层叠样式表文档	138 KB
bootstrap.min.js	2021/6/18 22:49	JavaScript 文件	50 KB
jquery-3.3.1.slim.min.js	2021/6/18 22:50	JavaScript 文件	69 KB
popper.min.js	2021/6/18 22:49	JavaScript 文件	20 KB

图 8-12　Bootstrap 及 CSS 文件等相关资源

以下示例代码演示了利用 Bootstrap 框架中 alert 类提供的预定义警告框来显示不同类别的信息，与 Bootstrap 相关的资源都放在当前目录的 scripts 目录中。

```
<!DOCTYPE html>
<html>
<head>
  <title>Bootstrap Demo</title>
  <meta charset="utf-8">
  <meta name="viewport" content="width=device-width, initial-scale=1">
  <link rel="stylesheet" href="scripts/bootstrap.min.css">
  <script src="scripts/jquery.min.js"></script>
  <script src="scripts/popper.min.js"></script>
  <script src="scripts/bootstrap.min.js"></script>
</head>
<body>

<div class="container">
  <h2>信息提示框演示</h2>
  <p>提示框可以通过 alert 类，并指定具有特定意义的颜色类来实现。</p>
  <div class="alert alert-success">
    <strong>成功!</strong> 指定操作成功提示信息。
  </div>
  <div class="alert alert-info">
    <strong>信息!</strong> 请注意这条信息。
  </div>
  <div class="alert alert-warning">
    <strong>警告!</strong> 设置警告信息。
  </div>
```

```
  <div class="alert alert-danger">
    <strong>错误!</strong> 失败的操作。
  </div>
  <div class="alert alert-primary">
    <strong>首选!</strong> 这是一条重要的操作信息。
  </div>
  <div class="alert alert-secondary">
    <strong>次要的!</strong> 显示一些不重要的信息。
  </div>
  <div class="alert alert-dark">
    <strong>深灰色!</strong> 深灰色提示框。
  </div>
  <div class="alert alert-light">
    <strong>浅灰色!</strong>浅灰色提示框。
  </div>
</div>

</body>
</html>
```

在浏览器中运行上述代码，效果如图 8-13 所示。

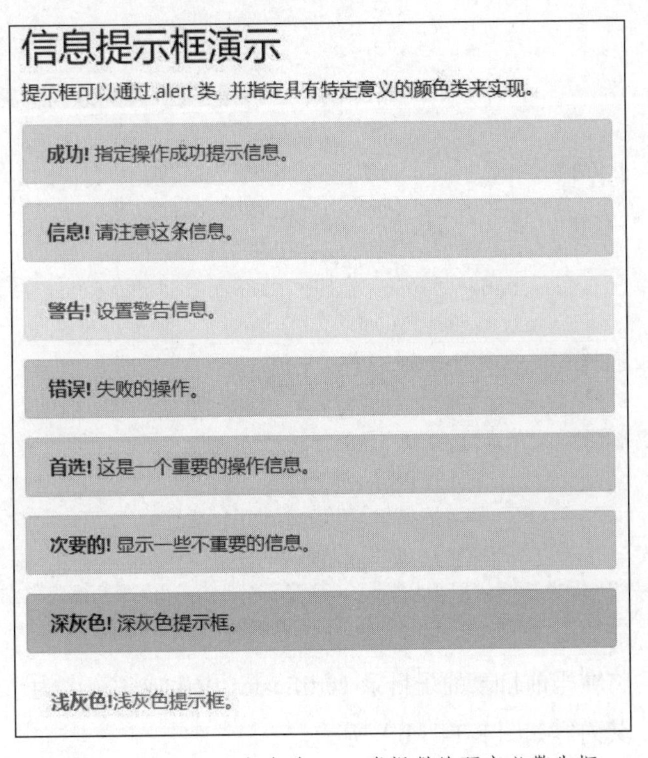

图 8-13　Bootstrap 框架中 alert 类提供的预定义警告框

8.3 电子证书签署与上链

8.3.1 电子证书签署

1．准备电子证书模板与电子证书内容填充

在签署电子证书之前，需事先准备好 PDF 格式的电子证书模板，只要为其中预留的可编辑字段填充相应的内容即可生成电子证书文档。电子证书模板可通过 Adobe Acrobat Pro DC 或 Microsoft Word 等相关软件编辑生成。对于具体操作，读者可自行通过参阅相关资料进行学习，本书在此不赘述。本示例用到的电子证书模板如图 8-14（a）所示，当然，模板中的大学在现实中并不存在，用此名称只是为了演示。

如何制作可编辑的 PDF 模板

生成电子证书（也就是对电子证书模板进行内容填充）的具体操作可参照 8.1 节中的相关内容，和前文的区别主要在于电子证书模板中对应可编辑字段的名称和数量不同。电子证书模板中的 3 个可编辑字段分别为 GraduateName、Degree、IssueDate。示例代码如下。

```
from fillpdf import fillpdfs #导入该模块，用于对电子证书模板做填充和展平等操作
import os
#获取电子证书模板中的字段
fields=fillpdfs.get_form_fields("CertiTemplate.pdf")
#准备填充数据
data_dict = {"GraduateName":"Huang Rong","Degree":"Doctor of Philosophy",
             "IssueDate":"1999-05-04"}
#对电子证书模板进行数据填充，并生成临时文件
fillpdfs.write_fillable_pdf('CertiTemplate.pdf', 'tempfile.pdf', data_dict)
#生成以学生姓名命名的 PDF 格式的电子证书文档
certificates_directory="certificates"
cert_file=os.path.join(certificates_directory,(data_dict["GraduateName"]+".pdf"))
fillpdfs.flatten_pdf('tempfile.pdf', cert_file)
print("Electronic Certificate of " + data_dict["GraduateName"] + \
      " Was Successfully Issued @ ",data_dict["IssueDate"])
```

运行代码后，将在当前目录的子目录 certificates 中生成一个名为“Huang Rong.pdf”的电子证书文档，其内容如图 8-14（b）所示。

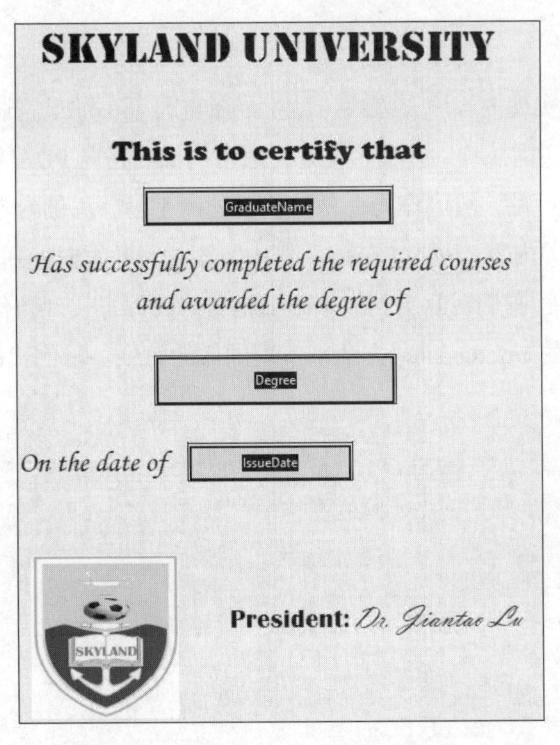

（a）电子证书模板

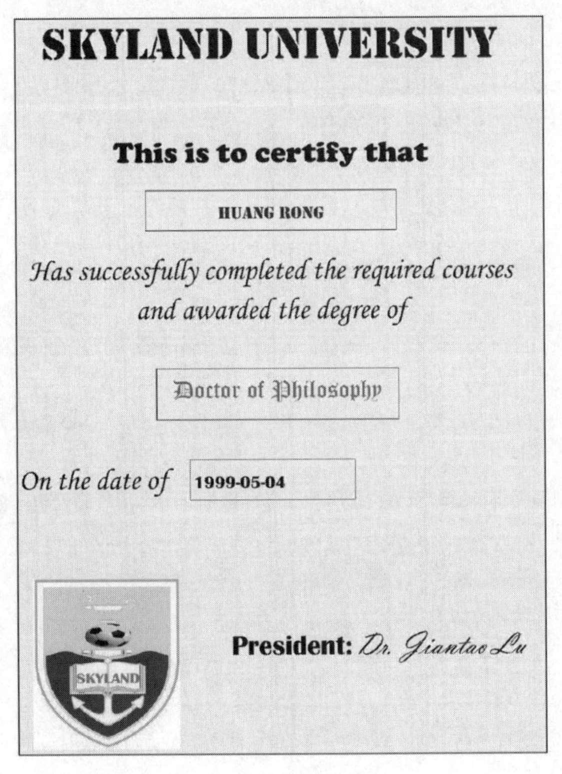

（b）电子证书文档

图 8-14　电子证书模板示例

2．附加防伪信息

对电子证书模板实现内容填充之后，就生成了电子证书的最初版本。为了更好地实现电子证书防伪，我们还需添加一些其他信息。通常的做法是向 PDF 文档添加自定义的元数据，因为其并非显式可见，故可作为一种防伪的辅助手段。添加元数据的方法和示例代码可参考 8.1 节中的相关内容。在 8.1 节的示例中，添加元数据时使用的是 PyPDF 库中提供的 addMetadata()方法，我们在此示例的基础上稍做修改即可实现防伪信息的添加。也可以使用 pdfrw 库中提供的 Info.update()方法来实现同样的效果。示例代码如下。

```
from pdfrw import PdfReader, PdfWriter, PdfDict #导入pdfrw库
from PyPDF2 import PdfFileReader, PdfFileWriter #导入PyPDF2库
import hashlib #导入该库，用于生成文件的哈希值

#定义用于生成文件哈希值的方法
def hash_certificate(cert_file):
    cert= open(cert_file, 'rb')
    return hashlib.sha256(cert.read()).hexdigest()

'''
定义一个用于向电子证书模板添加防伪信息的函数
    参数说明如下。
    certificate_template：电子证书模板（PDF格式）
    data_to_attach：附加元数据，用于防伪
'''
def CertProof(certificate_template,data_to_attach):

    pdf=PdfReader(certificate_template)

    meta=PdfDict(chain_proof="") #自定义元数据，新增名为"chain_proof"的键，但暂不填充数据
    pdf.Info.update(meta)
    PdfWriter().write("myCert.pdf", pdf)            #写入一个临时文件，其中不包含元数据

    #包含新键的电子证书模板的哈希值，是将要上链的数据之一，用于确保电子证书模板没有被篡改过
    template_hash=hash_certificate("myCert.pdf")

    #向电子证书模板中添加防伪信息
    meta=PdfDict(chain_proof= data_to_attach)       #自定义元数据，键名为"chain_proof"
    pdf.Info.update(meta)                           #通过更新 Info 键的方式实现元数据添加
    PdfWriter().write("myCert.pdf", pdf)            #写入临时文件

    #显示添加元数据后的文档哈希值，是将要上链的数据之一，用于确保电子证书没有被篡改过
    certi_hash=hash_certificate("myCert.pdf")
```

```
    return template_hash,certi_hash

if __name__=="__main__":
    certificate_template="CertiTemplate.pdf"     #原始模板文件
    meta="Data to attach to the certificate to improve the security level."
    ret=CertProof(certificate_template,meta)
    print(ret)
```

运行代码，将返回电子证书模板的哈希值，以及添加其他附加信息后的电子证书文档的哈希值。将这些数据上链存证，即可在后续应用中从区块链中重新获取这些数据进行对比，以查验电子证书模板本身及签署的每个学生的电子证书是否经过篡改，从而实现防伪效果。

3．电子证书批量生成

除了特殊情况外，电子证书通常由学校或机构统一批量生成。一般的做法是将签署电子证书所需的学生详细信息做成名册并保存在一个.csv 文件中，然后通过循环读取文件内容来批量生成电子证书文档。示例名册文件如图 8-15 所示。

CertNo	studentName	Degree	Year of Completion	Institution
2020060001	ZHANG SHAN	Bachlor of Science	2020	Skyland University
2020060002	LIU YING	Bachlor of Science	2020	Skyland University
2020060003	ZHAO YAZHI	Bachlor of Science	2020	Skyland University
2020060004	WANG CHENG	Bachlor of Arts	2020	Skyland University
2020060005	GUO JING	Bachlor of Arts	2020	Skyland University
2020060006	DAI XIAODONG	Bachlor of Engineering	2020	Skyland University
2020060007	ZUO GUODONG	Bachlor of Engineering	2020	Skyland University
2020060008	FENG HAO	Bachlor of Engineering	2020	Skyland University
2020060009	GAO PENG	Bachlor of Engineering	2020	Skyland University
2020060010	LU JIANBO	Bachlor of Education	2020	Skyland University
2020060011	MA WEIHUA	Bachlor of Education	2020	Skyland University
2020060012	LU SHISHEN	Bachlor of Education	2020	Skyland University
2020060013	LIU MING	Master of Engineering	2020	Skyland University
2020060014	GUO YANG	Master of Engineering	2020	Skyland University
2020060015	CHENG XIAOWEI	Master of Engineering	2020	Skyland University
2020060016	LIU JIANJUN	Master of Engineering	2020	Skyland University
2020060017	CHEN ZHENDONG	Master of Science	2020	Skyland University

图 8-15　示例名册文件

下列示例代码用于从一个.csv 文件中读取内容，再通过循环获取每个学生的信息并填充到电子证书模板中来批量生成电子证书。

```
import csv #用于处理.csv 文件
import os
from fillpdf import fillpdfs

'''
定义一个函数，用于向电子证书模板中填充数据
参数说明如下。
    template：模板文件名
    student_data_dict：字典结构的学生信息，用于存放电子证书签署所需的几个字段
```

```
'''
def fillCert(template,student_data_dict):
    #获取电子证书模板中的字段
    fields=fillpdfs.get_form_fields(template) #"CertiTemplate.pdf"
    #对电子证书模板进行数据填充，并生成临时文件
    fillpdfs.write_fillable_pdf(template, 'tempfile.pdf', student_data_dict)
    #生成以学生姓名命名的PDF格式的电子证书文档
    certificates_directory="certificates"
        cert_file=os.path.join(certificates_directory,\
                (student_data_dict["GraduateName"]+".pdf"))
    fillpdfs.flatten_pdf('tempfile.pdf', cert_file)
        print("Electronic Certificate of " + \
        student_data_dict["GraduateName"] + \
        " Was Successfully Issued @ ",student_data_dict["IssueDate"])

with open('list_of_students.csv','r') as f:        #读取学生名册文件
    reader = csv.reader(f)
    student_list = list(reader)                    #将读出的内容转化为列表

student_list=student_list[1:-1]                    #剔除第一行标题
template="CertiTemplate.pdf"

for student in student_list:                       #遍历学生名册文件，获取相关信息
    student_data_dict={"GraduateName":student[1],"Degree":student[2],\
                "IssueDate":student[3]}
    fillCert(template,student_data_dict)
```

运行程序，控制台将显示如下结果，并在当前目录的 certificates 子目录下保存所有刚生成的 PDF 格式的电子证书文档，其名称为每个学生的姓名。

```
Electronic Certificate of ZHANG SHAN Was Successfully Issued @ 2020
Electronic Certificate of LIU YING Was Successfully Issued @ 2020
Electronic Certificate of ZHAO YAZHI Was Successfully Issued @ 2020
Electronic Certificate of WANG CHENG Was Successfully Issued @ 2020
Electronic Certificate of GUO JING Was Successfully Issued @ 2020
...
```

8.3.2 电子证书数据上链存证

电子证书经过签署和批量生成之后，我们可以着手将相关数据上链存证，具体有以下几个步骤。

1．准备上链数据

对电子证书模板进行防伪和字段填充等准备工作完成之后，我们还需准备一些数据来

完成电子证书的数据上链。

在本示例中，我们将以构成电子证书的几个关键字段为基础构建一棵简单的默克尔树，并将其哈希值作为上链存证的数据之一。我们选取的字段包括大学名称、学位名称、学生姓名及签署日期，基于这几个字段构建而成的默克尔树如图 8-16 所示。示例代码（保存为 merkleUtils.py，后续示例代码需要用到其中的功能函数）如下。

```
import hashlib
#用于生成指定字段的哈希值的函数
def field_hash(field):
    field=field.lower()                    #将字符串中的字母都变成小写
    field = field.replace(" ", "")         #去掉字符串中的所有空格
    key_hash=hashlib.sha256(field.encode()).hexdigest()
    return key_hash
'''
用于构建默克尔树的函数。
参数说明如下。
KeyInfo：包含 CollegeName、Degree、StudentName、IssueDate 这 4 个关键字段，如
{'CollegeName':'Skyland University','Degree':'Master of Science','StudentName':
'Lu Jianbo','IssueDate':'1995'}
'''
def merkle_tree(KeyInfo):
    #构建默克尔树
     keyInfo=KeyInfo
    hash0_0=field_hash(keyInfo["CollegeName"])
    hash0_1=field_hash(keyInfo["Degree"])
    hash1_0=field_hash(keyInfo["StudentName"])
    hash1_1=field_hash(keyInfo["IssueDate"])
    hash0=field_hash(hash0_0+hash0_1)
    hash1=field_hash(hash1_0+hash1_1)
    tophash=field_hash(hash0+hash1)

    hash_collection=(tophash,hash0,hash1,hash0_0,hash0_1,hash1_0,hash1_1)
    return hash_collection

if __name__ == '__main__':
    #示例字段信息
    keyInfo ={'CollegeName':'Skyland University','Degree':'Master of Science',\
             'StudentName':'Lu Jianbo','IssueDate':'1995'}
    hash_collection=merkle_tree(keyInfo)
    #可视化默克尔树
    print("\n=================Certificate Merkel Tree===============\n")
    print("Top Hash-->",hash_collection[0])
    print("      |")
    print("      Hash 0-->",hash_collection[1])
```

```
    print("      |    |")
    print("      |    Hash 0-0-->",hash_collection[3])
    print("      |    |")
    print("      |    Hash 0-1-->",hash_collection[4])
    print("      |")
    print("     Hash 1-->",hash_collection[2])
    print("           |")
    print("           Hash 1-0-->",hash_collection[5])
    print("           |")
    print("           Hash 1-1-->",hash_collection[6])
```

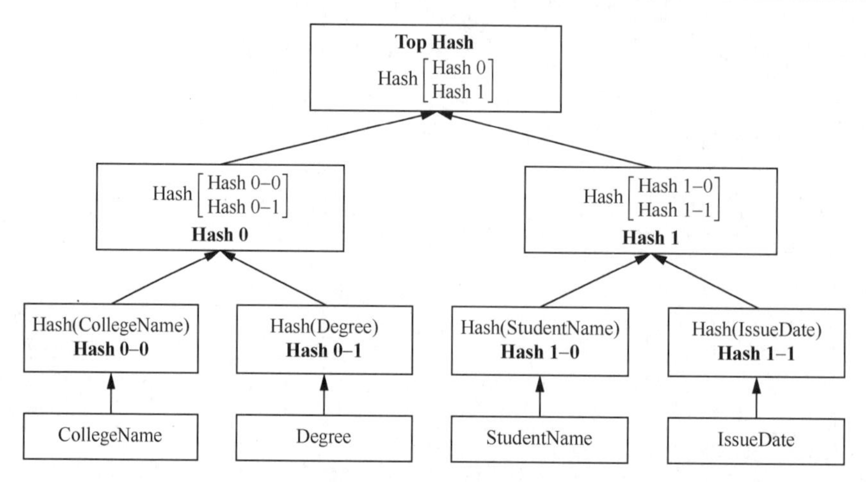

图 8-16　电子证书默克尔树

运行代码，结果如下。

```
============================Certificate Merkel Tree============================
Top Hash--> 7b488f1b418e10a91b9f7e931553d6c7a8ee9932c5eda65ea6c775ca6e9b6550
      |
      Hash 0--> ed273d32813d86b60f1938ab8df51962f94587a54180fa1950bb32e36186a3f0
      |    |
      |    Hash 0-0--> fb1c074cb1d0874cee355355eb8de49250563f056832c889a836d7a44a68fb2f
      |    |
      |    Hash 0-1--> 7880d0196efe7f150af624464cc299a8e33aa1109089d004cde7e50dde7f32dc
      |
      Hash 1--> e300d25f95a16603c2afcdaa51035394b8724abfe17e67940bf3e69afbcab547
           |
           Hash 1-0--> 3f0e315eae79b8eea6417e7ea3f76ab167af27a8a11763231f5c7c57b0f467c5
           |
           Hash 1-1--> e78f27ab3ef177a9926e6b90e572b9853ce6cf4d87512836e9ae85807ec9d7fe
```

至此，我们几乎准备好了所有上链的关键数据，包括电子证书模板的哈希值、电子证书文档的哈希值、基于关键字段生成的默克尔树的 Tophash，以及其他一些相关的附加元数据信息。

同时，我们会将电子证书文档本身保存在IPFS网络上，并将其IPFS地址上链存储，文件本身因为区块链资源的稀缺性而不会直接上链。生成电子证书文档的IPFS地址的示例代码如下。

```
import webbrowser as web                                   #用于打开Web页面
import ipfshttpclient as ipc                               #用于进行与IPFS相关的处理
api=ipc.connect('/ip4/127.0.0.1/tcp/5001')                 #指定IP地址和默认端口
#api=ipc.connect()                                         #也可以不填参数，即使用默认参数
ret=api.add("certificates/Guo Jing.pdf")                   #生成电子证书文档的IPFS地址
cert_url="http://127.0.0.1:8080/ipfs/"+ ret['Hash']        #构造一个IPFS访问地址
web.open_new_tab(cert_url)                                 #打开指定访问地址的页面
```

将上述所有关键字段打包成一个字典，作为以太坊区块链交易中的Data字段的数据内容。此时就完成了上链之前的数据准备。以下为一个示例电子证书的上链存证数据的格式与内容。

```
cert_info={
    'Insitution':'Massachusetts Institution Of Technology',#学院
    'StudentName':'Lu Yuting',        #姓名
    'Degree':'Master of Science',     #学位
    'IssueYear':'2018',               #签署年份
    'CertNo':'20180001'               #电子证书编号
    'Temp_Hash':'0x5HRcajBNPXKqBKAojEUk16dtj9QbZwFYh2fsqi4tVL'   #电子证书模板的哈希值
    'Cert_Hash':'0xE6SmmLzP2u1MnnqLSsD37XcstQbjreQeT9cA3UhhCQgA'  #电子证书文档的哈希值
    'Top-Hash':'0x3mPi9emrydB8QyovUo8S4ciJ9VppqsRZTsC1cuZsJtRamE', #默克尔树的Top-Hash
    'IPFS_Hash':'QmPi9emrydB8QyovUo8S4ciJ9VppqsRZTsC1cuZsJtRamE'#IPFS地址
    }
```

2．数据上链

数据上链示例代码讲解

在数据上链之前，我们需要启动本地以太坊区块链模拟系统。打开一个新的Anaconda控制台程序，执行ganache-cli命令即可。

与区块链相关的操作的示例代码（保存为“CertBlockchain.py”，后续示例代码需要用到其中的功能函数）如下。

```
import sys
from web3 import Web3, HTTPProvider
from web3.eth import Eth

w3 = Web3(HTTPProvider('http://localhost:8545')) #本地以太坊区块链系统的IP地址及端口
eth = Eth(w3)
```

```
accounts = w3.eth.accounts #系统模拟账户

#检查是否连接成功
if w3.eth.getBlock(0) is None:
    print("Blockchain connect failed! ")
    exit(0)

elif w3.isConnected():
    print("Blockchain connected successfully! ")

#定义一个十六进制字符串格式化输出函数
def bytesToHexString(bs):
    return ''.join(['%02x' % b for b in bs])

def saveDataOnBlock(data):
    #读取账户余额
    balance = w3.eth.getBalance(accounts[0],'latest')
    data_into_block=w3.toHex(text=data)

    '''
    #设置交易，从节点第 1 个账户向第 2 个账户转 100Wei。
    from 字段为转账账户。
    to 字段为接收账户。
    value 字段为转账金额。
    data 字段保存着将上链存证的数据。
    '''
    payload = {
    'from': accounts[0],
    'to': accounts[1],
    'value': 100,
    'data':data_into_block
    }
    #向以太坊节点提交交易，以太坊节点将返回该交易的哈希值
    tx_hash = w3.eth.sendTransaction(payload)

        '''
        发送完交易之后必须进行挖矿才能真正完成记账，其实就是把以太坊当成账本，任何变动都需要记账，
        记账的实现方式就是挖矿。
        '''
        #启用两个 CPU 内核进行挖矿，因为是在本地测试链上，所以速度很快
        w3.geth.miner.start(2)
        #停止挖矿，同时实现数据上链
        w3.geth.miner.stop()
```

```
    trans_result=w3.eth.get_transaction(tx_hash)        #获取交易返回的详细信息

    Block_Number=trans_result['blockNumber']            #新产生的区块号
    Block_Hash=bytesToHexString(trans_result['blockHash'])      #区块哈希值
    Transaction_Index=trans_result['transactionIndex']          #交易索引
    Upload_Data=w3.toText(trans_result['input'])        #显示刚上链的原始数据信息

    return Block_Number                                 #返回交易区块信息

#基于区块号从区块链中获取指定区块的相关信息
def getBlockInfo(blocknumber):
    block_info=w3.eth.getBlock(blocknumber)
    tx=w3.toHex(block_info["transactions"][0])          #区块链交易号
    trans_detail=w3.eth.get_transaction(tx)             #交易详细信息
    result=w3.toText(trans_detail["input"]) #获取在交易中存入 data 字段中的数据

    return result

#显示当前区块链中所有区块的哈希值和区块总数
def blocks_list():
    count=0
    block_num=w3.eth.getBlock('latest').number          #获取最新的区块号
    for i in range(block_num):
        try:
            blockn=w3.eth.getBlock(i)                   #获取指定区块的信息
            print("Block",str(i)," hash:",bytesToHexString(blockn.hash))
            count+=1
        except:
            print('No more blocks in current blockchain.')
            break
    print('\n{0} blocks in current blockchain.\n'.format(count))
```

上述示例代码中的 saveDataOnBlock()函数用于将数据保存在以太坊区块链中，同时返回交易的区块号，该号码将和其他上链存证的数据一起被保存在本地 SQLite 数据库中，以便于后续的信息查询。

整合前面讨论过的电子证书模板数据填充、电子证书防伪元数据添加、电子证书关键字段默克尔树构建、电子证书批量签署等技术，形成以下完整的电子证书批量签署并上链存证的示例代码。上链结果数据保存于一个本地文本文件中，用于后续的数据库信息上传。当然，我们也可以同步连接数据库并即时存入上链信息。在此，为了方便技术讨论，我们将分两步完成。

```
from pdfrw import PdfReader, PdfWriter, PdfDict
```

```
from PyPDF2 import PdfFileReader, PdfFileWriter
from fillpdf import fillpdfs
import ipfshttpclient as ipc
import hashlib
import os
import csv

import CertBlockchain as chain       #载入 CertBlockchain.py 文件中包含的功能函数
import merkleUtils as merkle         #载入 merkleUtils.py 文件中包含的功能函数

'''
定义一个函数，用于向电子证书模板中填充数据。
参数说明如下。
    template：电子证书模板名称。
    student_data_dict：字典结构的学生信息，用于存放电子证书签署所需的几个字段。
'''
def fillCert(template,student_data_dict):
    #获取电子证书模板中的字段
    fields=fillpdfs.get_form_fields(template) #"CertiTemplate.pdf"
    #准备填充数据
    student_data_dict = {"GraduateName":"Huang Rong","Degree":\
                        "Doctor of Philosophy","IssueDate":"1999-05-04"}
    #对电子证书模板进行数据填充，并生成临时文件
    fillpdfs.write_fillable_pdf(template, 'tempfile.pdf', student_data_dict)
    #生成以学生姓名命名的 PDF 格式的电子证书文档
    certificates_directory="certificates" #电子证书保存目录
        cert_file=os.path.join(certificates_directory,\
                (student_data_dict["GraduateName"]+".pdf"))
    fillpdfs.flatten_pdf('tempfile.pdf', cert_file)
        print("Electronic Certificate of " + student_data_dict["GraduateName"] + \
            " Was Successfully Issued @ ",student_data_dict["IssueDate"])

        return cert_file                          #返回签署的电子证书文档名称

'''
定义一个用于向电子证书模板添加防伪信息的函数。
    参数说明如下。
    certificate_template：电子证书模板（PDF 格式）。
        data_to_attach：附加元数据，用于防伪。
        返回值：原始电子证书模板的哈希值以及填充内容后的电子证书文档的哈希值。
'''
def CertProof(certificate_template,data_to_attach):
    file_with_proof="myCert.pdf"                  #定义一个临时文件，用于数据交换
```

```
    pdf=PdfReader(certificate_template)

    meta=PdfDict(chain_proof="") #自定义元数据，新增名为“chain_proof”的键，但暂不填充数据
    pdf.Info.update(meta)
    PdfWriter().write(file_with_proof, pdf) #写入一个临时文件，其中不包含元数据

    #包含新键的电子证书模板的哈希值，是将要上链的数据之一，用于确保电子证书模板没有被篡改过
    template_hash=merkle.hash_certificate(file_with_proof)

    #向电子证书模板中添加防伪信息
    meta=PdfDict(chain_proof=data_to_attach) #自定义元数据，键名为“chain_proof”
        pdf.Info.update(meta) #通过更新 Info 键的方式实现元数据添加
        #将包含防伪信息的内容覆盖到刚填充、签署完成的电子证书文档中
    PdfWriter().write(certificate_template, pdf)
    #显示添加元数据后的文档哈希值，是将要上链数据之一，用于确保电子证书没有被篡改过
    certi_hash=merkle.hash_certificate(certificate_template)

    return template_hash,certi_hash

'''
添加所有准备上链的数据，并批量签署学生的电子证书
'''
def All_Data_Upload_to_Chain(save_data_file):
    api=ipc.connect()
    certificate_template="CertiTemplate.pdf"      #原始模板文件

    with open('list_of_students.csv','r') as f:  #读取学生名册文件
        reader = csv.reader(f)
        student_list = list(reader)

    student_list=student_list[1:-1]                  #剔除第一行标题

    chain_data_collection=[]

    for student in student_list:                     #遍历学生名册文件，获取相关信息
        #添加到已签署的电子证书上的防伪元数据
        cert_meta={
            'GraduateName':student[1],
            'Degree':student[2],
            'IssueYear':student[3],
            'Institution':student[4]
        }
```

```
        tophash=merkle.merkle_tree(cert_meta)#返回关键字段的 Tophash
        ret=cert_meta=[str(cert_meta)]

        #向电子证书模板添加防伪元数据并返回原始模板与添加信息后的电子证书的哈希值
        student_data_dict={"GraduateName":student[1],"Degree":student[2],\
                        "IssueDate":student[3]}
        #签署电子证书并返回其名称
        issued_cert_file=fillCert(certificate_template,student_data_dict)
        #向电子证书模板添加防伪元数据并返回原始模板与添加信息后的电子证书的哈希值
        CertProof(issued_cert_file,cert_meta) #向刚签署的电子证书文档添加防伪元数据

        iph=api.add("certificates/"+student[1]+".pdf")       #生成指定文件的 IPFS 地址
        cert_url="http://127.0.0.1:8080/ipfs/"+ iph['Hash'] #构造一个 IPFS 访问地址

        chain_data={
            'CertNo':student[0],
            'GraduateName':student[1],
            'Degree':student[2],
            'IssueYear':student[3],
            'Insitution':student[4],
            'Temp_Hash':ret[0],
            'Cert_Hash':ret[1],
            'Merkel_Tophash':tophash,
            'IPFS':cert_url
        } #上链数据包

        data=str(chain_data)
        #数据上链存证，返回记录交易的区块号
        block_number=chain.saveDataOnBlock(data)
        #添加刚产生的最新区块号到数据包中，该数据包将会被同步到本地嵌入式数据库中
        chain_data['BlockNumber']=block_number
        chain.blocks_list() #显示当前区块链中的区块信息

        chain_data_collection.append(chain_data)

    #将上链数据保存到临时文本文件中，后续将会把上链数据保存到本地数据库以便于查询
    file=open(save_data_file,'w')
    file.write(str(chain_data_collection))
    file.close()

if __name__=="__main__":
    All_Data_Upload_to_Chain('syn_to_database.txt')
```

运行代码，Anaconda 控制台显示的结果如下，其中包含电子证书上链交易产生的区块

号、区块的哈希值、当前区块链中区块总数等相关信息。

```
Blockchain connected successfully!
Electronic Certificate of ZHANG SHAN Was Successfully Issued @  2020
Block 0  hash: c3509a943bc04d620a2f3e1ab7078e8abfe9727fe4f54c6733740394f43c0821

1 blocks in current blockchain.

Electronic Certificate of LIU YING Was Successfully Issued @  2020
Block 0  hash: c3509a943bc04d620a2f3e1ab7078e8abfe9727fe4f54c6733740394f43c0821
Block 1  hash: be993d8488c0168948b2cc665b4bced4b5a5f4db33ad2b6284b41dff61f4b648

2 blocks in current blockchain.

Electronic Certificate of ZHAO YAZHI Was Successfully Issued @  2020
Block 0  hash: c3509a943bc04d620a2f3e1ab7078e8abfe9727fe4f54c6733740394f43c0821
Block 1  hash: be993d8488c0168948b2cc665b4bced4b5a5f4db33ad2b6284b41dff61f4b648
Block 2  hash: d26a24deabecf777bb6f6b6ebc5bb39f103cbc7084243d2354a32c3db09fe09f

3 blocks in current blockchain.

Electronic Certificate of WANG CHENG Was Successfully Issued @  2020
Block 0  hash: c3509a943bc04d620a2f3e1ab7078e8abfe9727fe4f54c6733740394f43c0821
Block 1  hash: be993d8488c0168948b2cc665b4bced4b5a5f4db33ad2b6284b41dff61f4b648
Block 2  hash: d26a24deabecf777bb6f6b6ebc5bb39f103cbc7084243d2354a32c3db09fe09f
Block 3  hash: f613682515178341022037 6eda56edb3e5aff9ac08acd45133eded9a40960b7b
...
```

同时，在运行 Ganache CLI 的控制台中显示的结果如下，其中包含每个区块的交易哈希值、所耗费的 Gas、交易产生的区块号及时间等相关信息。

```
Listening on 127.0.0.1:8545
eth_accounts
eth_getBlockByNumber
web3_clientVersion
eth_getBalance
eth_estimateGas
eth_blockNumber
eth_getBlockByNumber
eth_sendTransaction

  Transaction: 0x420f7c0bfc5902931cb9df58d946e5fac9c36ec0dd9d538961b1d646d38d647b
  Gas usage: 28616
  Block Number: 1
  Block Time: Mon Jun 28 2021 21:26:31 GMT+0800
```

```
miner_start
miner_stop
eth_getTransactionByHash
eth_getBlockByNumber
eth_getBlockByNumber
eth_getBalance
eth_estimateGas
eth_blockNumber
eth_getBlockByNumber
eth_sendTransaction
miner_start

  Transaction: 0x8c09d1b4db80fa6734cb19fe974efe9381522383e8b5579af5e6108ffb5b2f2b
  Gas usage: 28584
  Block Number: 2
  Block Time: Mon Jun 28 2021 21:26:34 GMT+0800
...
```

3. 将相关信息写入 SQLite 数据库

数据上链的同时，我们需要将相关信息保存到数据库中，以便后续在应用中对数据进行查询。

（1）创建数据库与数据表

创建一个数据库脚本，命名为“schema.sql”，代码如下。

```
drop table if exists certificates;
create table certificates (
id integer primary key autoincrement,
CertNo text not null,
GraduateName text not null,
Institution text not null,
Degree text not null,
IssueYear text not null,
Temp_Hash text not null,
Cert_Hash text not null,
Merkle_Hash text not null,
IPFS text not null,
BlockNumber text not null,
CertStatus text not null default 'Issued',
Memo text default 'N/A'
);
```

在 Anaconda 控制台中执行以下命令，将会在当前目录的 database 子目录中生成名为“CertLocalData.db”的数据库，其中包含的数据表名为“certificates”。

```
D:\CertAuthSystem>sqlite3 CertLocalData.db < schema.sql
```

数据库生成之后，我们可以用第三方可视化工具（例如 SQLiteStudio）来查看数据库与数据表的结构、定义、数据内容等，如图 8-17 所示。

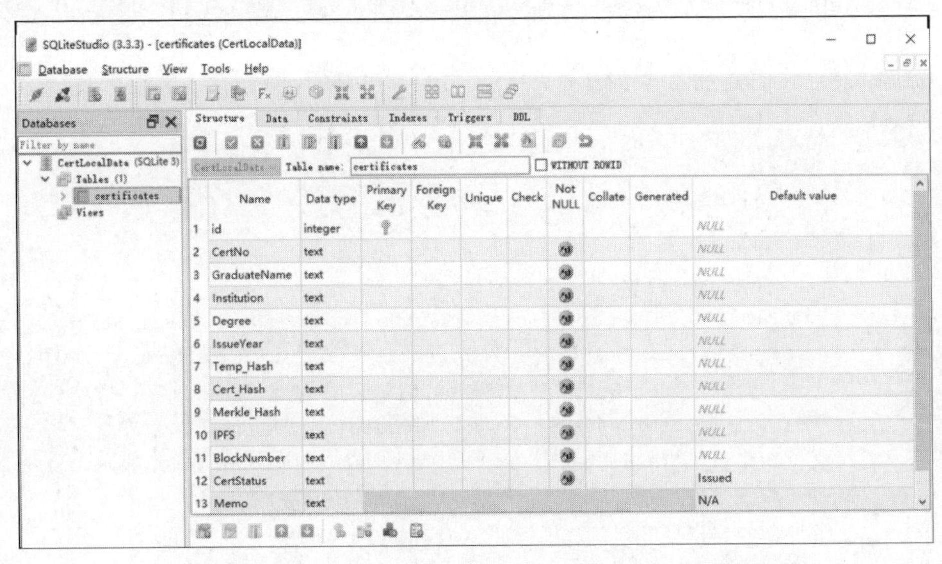

图 8-17 CertLocalData.db 数据库中 certificates 表的结构和定义

（2）存证信息写入数据库

电子证书数据在上链的同时，我们也将信息写入文本文件 syn_to_database.txt 中。整个文件的内容为一个列表，其中每个元素都由字典组成，字典中包含每个电子证书上链存证所需的所有内容，同时包含每个电子证书上链交易所产生的新区块号。通过该号码可以在区块链中查询到存证的数据内容。示例文件内容如下。

```
    [{'CertNo': '2020060001', 'GraduateName': 'ZHANG SHAN', 'Degree': 'Bachlor of 
Science', 'IssueYear': '2020', 'Insitution': 'Skyland University', 'Temp_Hash': 
'22a60f522337b21295dcfea939a34ca8f4ae30e4c7a28db403613d10722155d0', 'Cert_Hash': 
'39ebcea151a2033ccaf1f95f828ce1b71d4939296ff6d7238d75c41bade54e45', 'Merkel_Tophash': 
'e96c22572353610d58105e7ccd24da8c2a7968772459bb756629ea048cd1a2c2', 'IPFS': 'http://
127.0.0.1:8080/ipfs/QmWZMkG8HCBdAnzjLLdSMKjkRvuk7chLDbpB52HgtEExmM', 'BlockNumber': 1},
{'CertNo': '2020060002', 'GraduateName': 'LIU YING', 'Degree': 'Bachlor of Science',
'IssueYear': '2020', 'Insitution': 'Skyland University', 'Temp_Hash': '22a60f522337b
21295dcfea939a34ca8f4ae30e4c7a28db403613d10722155d0', 'Cert_Hash': '7e87ea567d6628656
ba99c1a2f0a126c0772f801f036d61455ea46b561cb3d04', 'Merkel_Tophash':'e82716c87e3726d9a
15b12ac1e41de2f67f4cdf189a81aa328d24a863cd7cded', 'IPFS':'http://127.0.0.1:8080/ipfs/
Qmdw7TFVFiyg43qm4c4SjZ8C1M6a9pZqc4KCVWxNCUPCP4', 'BlockNumber': 2},
    ...
    ]
```

从保存批量上链信息数据的文件中读取格式化的内容，并写入本地 SQLite 数据库，示例代码如下。

```
import sqlite3
DATABASE = './database/CertLocalData.db'    #数据库文件所在位置
con=sqlite3.connect(DATABASE)                #连接数据库
cur=con.cursor()                             #定义光标

file=open("syn_to_database.txt",'r')         #打开保存批量上链信息的数据文件
data=file.read()                             #读取文件内容
data=eval(data)                              #将文本内容还原成列表

#遍历列表中所有数据
for i in range(len(data)):
    sql_text="INSERT INTO certificates(CertNo,GraduateName,Institution,Degree,\
          IssueYear,Temp_Hash,Cert_Hash,Merkle_Hash,IPFS,BlockNumber) VALUES('"\
          + data[i]['CertNo']+ "','"+ data[i]['GraduateName'] + "','"+ \
          data[i]['Institution']  + "','"+ data[i]['Degree']  + "','"\
          + data[i]['IssueYear']  + "','"  + data[i]['Temp_Hash']  + "','" \
          + data[i]['Cert_Hash']  + "','" + data[i]['Merkel_Tophash'] + "','"\
          + data[i]['IPFS']  + "','" + str(data[i]['BlockNumber']) + "')"
   cur.execute(sql_text)
   print(data[i]['GraduateName'],"'s Certificate data saved on local database.")
con.commit()                                 #确认将数据插入数据库
```

至此，我们完成了电子证书上链存证的整个过程。值得注意的是，在此过程中，基于功能、属性、重要性等诸多因素的考量，将电子证书的数据信息分别存储于 IPFS 网络、区块链及本地数据库等不同地方。

8.4 电子证书真伪验证

电子证书认证系统的一个重要功能就是对用户提交的电子证书及其他相关材料进行内容解析，然后通过一系列的技术处理对其中的关键信息进行真伪验证。

8.4.1 简历解析

对简历内容的解析和处理是电子证书认证系统的重要功能，其过程如图 8-18 所示。其主要流程为：从 PDF 格式的简历文档中解析出其中的文本内容，然后利用自然语言处理（Natural Language Processing，NLP）提供的功能对文本进行分词，以及利用正则表达式等技术手段解析出简历中的关键信息，最后将这些信息与从上传的电子证书中提取出的信息进行对比，以确认简历中的信息是否真实。当然，简历信息真伪识别的前提是电子证书本身是真实有效的。

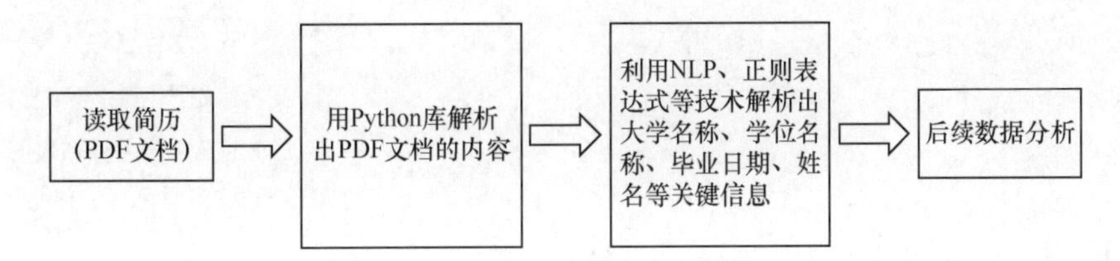

图 8-18　简历解析过程

图 8-19 所示为一份常见格式的个人简历，我们将以此为例来实现对简历内容的解析。

GUO JING

152 Jiefang Road, Renmin Avenue, East City, China,

Jing.Guo@gmail.com | +86 13980947485

EDUCATION **Doctor of Philosophy (Ph.D.)**, Quantum Physics, **Central China Longway University**

CGPA: 4.26

Year of Completion: **2014**

SKILLS Operating System: Windows, Linux

Programming Languages: Java, C++ Programming (Intermediate), Java (Intermediate), Python, SQL, C#

WORK EXPERIENCE **TalkBig Information Consultant Co.Ltd.**

- Worked as a customer analyst
- Analyzed customer raw data using pivot tables
- Majorly worked on reporting and analysis with database of almost 8 lakh records
- Worked on SQL

RELEVANT COURSES PYTHON Programming Language 2010-5

Learnt Java and Python using eclipse and Python Idle

Quantum Communications 2011-12

Learnt the theory of quantum physics and related knowledge.

ACADEMIC PROJECTS 2012-3

Web Development for Business School

Technology used: SQLite, ASP.NET, Flask, Ajax

图 8-19　示例简历

示例代码（其文件名为“resumeParser.py”）如下。

```
import re                                      #用于处理正则表达式
from nltk.tokenize import word_tokenize        #用于通过 NLP 对文本做分词处理
import csv                                     #用于处理.csv 文件
from io import StringIO                        #用于对内存中的字符串做读、写操作
#PDFMiner 用于对 PDF 文档做解析等相关操作
from pdfminer.pdfinterp import PDFResourceManager, PDFPageInterpreter
from pdfminer.converter import TextConverter
from pdfminer.layout import LAParams
from pdfminer.pdfpage import PDFPage
import hashlib                                 #用于哈希计算
import merkleUtils as mk                       #导入自定义默克尔树处理相关功能
```

```
Institution = []                                         #定义学校名称列表
GraduateName = []                                        #定义学生姓名列表
Degree = []                                              #定义学位名称列表
GPA = []                                                 #定义学生 GPA 列表

#定义一个函数，用于解析文本中的小数
def extract_decimals(string):
    r = re.compile(r'\d+\.\d')                           #解析数字的正则表达式
    return r.findall(string)

#读取简历内容
def convert(fname, pages=None):
    if not pages:
        pagenums = set()
    else:
        pagenums = set(pages)

    output = StringIO()
    manager = PDFResourceManager()
    converter = TextConverter(manager, output, laparams=LAParams())
    interpreter = PDFPageInterpreter(manager, converter)

    with open(fname,'rb') as infile:
        for page in PDFPage.get_pages(infile, pagenums):
            interpreter.process_page(page)
    infile.close()
    converter.close()
    text = output.getvalue()
    output.close
    return text


def parse(filename):
     resume_string = convert(filename)                   #解析出指定简历文档的内容
     scores = extract_decimals(resume_string)            #解析出学生的 GPA
     GPA.append(scores[0])
     tokens = word_tokenize(resume_string) #对解析出来的简历文本用 NLP 做分词处理
     GraduateName.append(tokens[0] + " " + tokens[1])    #解析出学生姓名
     resume_string = resume_string.replace(',',' ')
     resume_string = resume_string.lower()

     #college.csv 文件中包含大学名列表数据
     with open('college.csv','r') as f:
        reader = csv.reader(f)
```

```
        college_list = list(reader)

    #判断解析出的简历文本中是否包含大学名列表中的学校名称
    for college in college_list:
        if college[0].lower() in resume_string: Institution.append(college[0])

    #定义大学学位列表
    degree_list=[['Bachelor of Science', 'B.Sc', '理学学士'],
     ['Bachelor of Arts', 'B.A', '文学学士'],
     ['Bachelor of Engineering', 'B.Eng', '工学学士'],
     ['Bachelor of Education', 'B.Ed', '教育学学士'],
     ['Bachelor of Business Administration', 'B.B.A', '工商管理学学士'],
     ['Master of Science', 'M.Sc', '理学硕士'],
     ['Master of Arts', 'M.A', '文学硕士'],
     ['Master of Engineering', 'M.Eng', '工学硕士'],
     ['Master of Education', 'M.Ed', '教育学硕士'],
     ['Master of Business Administration', 'MBA', '工商管理学硕士'],
     ['Doctor of Philosophy', 'Ph.D', '博士']]

    #判断解析出的简历文本中是否包含上述列表中的学位
    for degree in degree_list:
        if degree[0].lower() in resume_string:
            Degree.append(degree[0])
    #用正则表达式解析出简历中的年份
    if re.search(r'\b[21][09][8901][0-9]',resume_string.lower()):
        Year = re.findall(r'\b[21][09][8901][0-9]',\
                          resume_string.lower())[0]

    data={}#定义一个空字典
    data["Institution"] = str(Institution[0])
    data["Degree"] = str(Degree[0])
    data["GraduateName"] = str(GraduateName[0])
    data["IssueYear"] = str(Year)
    data["GPA"] = str(GPA[0])

    tophash=mk.merkle_tree(data)#返回关键字段的 Tophash
    return data,tophash

if __name__ == "__main__":
    resumeInfo = parse("demoResume.pdf")
    print(resumeInfo[0])
    print("Tophash of Key inforamtion:", resumeInfo[1])
```

运行上述代码对示例简历进行解析，返回结果如下。

```
{'Institution': 'Skyland University', 'Degree': 'Master of Science', 'GraduateName': 'Zhang Shan', 'IssueYear': '2018', 'GPA': '4.2'}
Tophash of key information: b77c9d14d48766cb6bf672024828db808eec708b7b72d570fbe724d914e4a3e5
```

8.4.2 电子证书与简历数据真实性验证

证书解析与真伪验证流程讲解

电子证书真实性验证是电子证书认证系统核心的功能之一，其流程如图 8-20 所示。

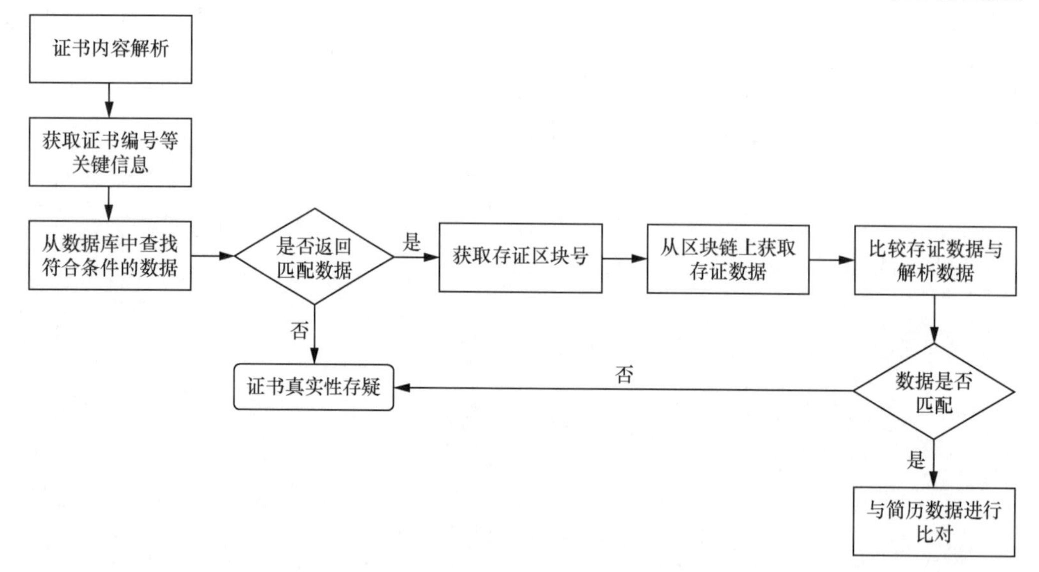

图 8-20 电子证书真实性验证流程

实现上述流程的示例代码如下。

```
import sqlite3
import hashlib
import os
import CertBlockchain as chain                  #导入预定义的区块链相关操作函数
from PyPDF2 import PdfFileReader, PdfFileWriter
from pdfrw import PdfReader, PdfWriter, PdfDict

DATABASE = './database/CertLocalData.db'        #数据库文件所在位置
conn=sqlite3.connect(DATABASE)                  #连接数据库
cur=conn.cursor()                               #定义光标

'''
生成文档哈希值的函数。
```

```
参数说明如下。
certificate：电子证书文档。
返回值：指定文档的哈希值。
'''
def hash_certificate(certificate):
    cert= open(certificate, 'rb')
    return hashlib.sha256(cert.read()).hexdigest()

'''
该函数用于获取从输入的电子证书文档中剔除防伪信息后得到的文档的哈希值。
参数说明如下。
certificate：电子证书文档。
返回值：指定文档的哈希值。
'''
def cert_temp_verify(certificate):
    pdf=PdfReader(certificate)
    meta=PdfDict(chain_proof="")
    pdf.Info.update(meta)
    PdfWriter().write("temp.pdf", pdf)
    #写入另一个新文档，其中不包含元数据，但保留键名"chain_proof"
    cert_hash=hash_certificate("temp.pdf")
    os.remove("temp.pdf")

    return cert_hash

'''
从上传的电子证书文档中获取防伪信息的函数。
参数说明如下。
certificate：电子证书文档。
返回值：指定文档的哈希值。
'''
def get_data_from_cert(certificate):
    pdfReader = PdfFileReader(open(certificate, 'rb')) #读取电子证书信息
    cert_info=pdfReader.getDocumentInfo()
    cert_info=eval(cert_info['/chain_proof'][0]) #解构防伪信息字段/chain_proof

    return  cert_info

'''
从数据库中查询和获取指定编号的电子证书相关信息的函数。
参数说明如下。
CertNo：电子证书编号。
返回值：指定文档的哈希值。
```

```
'''
def get_data_from_database(CertNo):
    sql_text="SELECT * FROM certificates WHERE CertNo='"+CertNo+"'"
    cur.execute(sql_text)
    result = cur.fetchall()

    if len(result)!=0:
        blockNo=result[0][10] #数据上链交易的区块号
        blockNo=eval(blockNo)
    else:
        blockNo=0
    conn.close()

    return blockNo

if "__name__==__main__":
    cert_to_check="./certificates/Wang cheng.pdf"
    cert_proof=get_data_from_cert(cert_to_check)
#从电子证书文档中解析出/chain_proof字段内容
    certno=cert_proof['CertNo'] #从上传的电子证书文档中解析出的电子证书编号
    blockno=get_data_from_database(certno)

    if blockno!=0:
        print("Certificate data saved on block ",blockno)
        block_info=chain.getBlockInfo(blockno)
        print("\nInformation acquired from the blockchain:\n",block_info)
        block_info=eval(block_info)
        #从区块链上获取的电子证书模板哈希值
        temp_hash_from_blockchain=block_info['Temp_Hash']
        certno_from_blockchain=block_info['CertNo'] #从区块链上获取的电子证书编号
        certno_from_blockchain=str(certno_from_blockchain)
        print("\nCertificate Template Hash from Blockchain:",\
                    temp_hash_from_blockchain)
        '''
        从上传的电子证书中去掉/chain_proof字段内容，从而还原出电子证书模板，并返回相应的哈希值
        '''
        temp_hash_from_cert=cert_temp_verify(cert_to_check)
        print("Hash of Original Certificate Template Issued:",\
                    temp_hash_from_cert)
        #通过判断二者是否相同来确认电子证书模板是否经过篡改
        if (temp_hash_from_blockchain==temp_hash_from_cert): print("Certificate Origin
        Template Authenticated!")
            #除了模板匹配之外，电子证书编号也一致，则基本可判断电子证书数据的真实性
            if (certno_from_blockchain==certno):
                print("Certificate Authentication Passed!")
```

```
        else:
            print("Certificate Authentication Failed!")
    else:
        print("Certificate Template Hash NOT Match!")

else:
    print('No result matched from the blockchain.')
    exit(0)
```

运行代码，结果如下。

```
Blockchain connected successfully!
Certificate data saved on block  16

Information acquired from the blockchain:
 {'CertNo': '2020060004', 'GraduateName': 'WANG CHENG', 'Degree': 'Bachlor of Arts', 'IssueYear': '2020', 'Institution': 'Skyland University', 'Temp_Hash': 'f20bc9505260a2394cdc8f1d9a9b11515a83e3ab9979741293bfa7879ea8e1f1', 'Cert_Hash': 'dbc12905ab97996d4ee92be641d7d565939dcf9a81c2d499b51baa25e0f2dde4', 'Merkel_Tophash': '5e88e90b5476b3c144709f5b7289cbaf0c7bf2da478fcbc8684b0e63bcb04ed6', 'IPFS': 'http://127.0.0.1:8080/ipfs/QmVwQyaXFK5qB5eDJPVPewqhWqn2PKUnnd8bPrg3zH75Xh'}

Certificate Template Hash from Blockchain: f20bc9505260a2394cdc8f1d9a9b11515a83e3ab9979741293bfa7879ea8e1f1
Hash of Original Certificate Template Issued: f20bc9505260a2394cdc8f1d9a9b11515a83e3ab9979741293bfa7879ea8e1f1
Certificate Origin Template Authenticated!
Certificate Authentication Passed!
```

对用户上传的电子证书进行真伪验证之后，方可对简历数据的真实性进行甄别。简历数据真实性验证流程如图 8-21 所示。

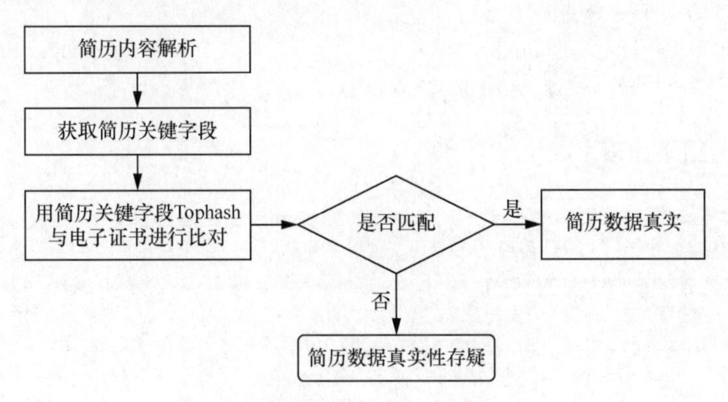

图 8-21　简历数据真实性验证流程

实现上述流程的示例代码如下。

```
import resumeParser as rp                    #导入预定义的简历解析功能
```

```
import merkleUtils as mk                             #导入预定义的 Tophash 计算功能
from PyPDF2 import PdfFileReader, PdfFileWriter      #用于读取 PDF 文档信息

'''
简历与电子证书关键字段 Tophash 对比函数。
参数说明如下。
resume：简历文档。
certificate：电子证书文档。
'''
def Resume_Cert_Comparison(resume,certificate):
    resumeInfo = rp.parse(resume)                    #简历解析
    print("Key Info From Resume:",resumeInfo[0])     #从简历中解析出的关键字段
    print("Tophash of Resume:",resumeInfo[1])        #简历关键字段的 Tophash

    pdfReader = PdfFileReader(open(certificate, 'rb')) #读取电子证书信息
    cert_info=pdfReader.getDocumentInfo()
    cert_info=eval(cert_info['/chain_proof'][0])     #解构防伪信息字段/chain_proof

    tophash=mk.merkle_tree(cert_info)                #电子证书的 Tophash
    print("Info From Certificate:",cert_info)
    print("Tophash of Certificate:",tophash)

    if(resumeInfo[1]==tophash):                      #比较简历和电子证书二者的 Tophash
        print("Resume and certificate data matched!")
    else:
        print("Data of resume didn't match that of the certificate!")

if "__name__==__main__":
    resume="resume1.pdf"                             #简历文档
    certificate="Zhang Shan.pdf"                     #电子证书文档
    Resume_Cert_Comparison(resume,certificate)
```

运行代码，结果如下。

```
Key Info From Resume: {'Institution': 'Skyland University', 'Degree': 'Master of Science', 'GraduateName': 'Zhang Shan', 'IssueYear': '2018', 'GPA': '4.2'}
Tophash of Resume: b77c9d14d48766cb6bf672024828db808eec708b7b72d570fbe724d914e4a3e5
Info From Certificate: {'CertNo': '2020060001', 'GraduateName': 'ZHANG SHAN', 'Degree': 'Master of Science', 'IssueYear': '2018', 'Institution': 'Skyland University'}
Tophash of Certificate: b77c9d14d48766cb6bf672024828db808eec708b7b72d570fbe724d914e4a3e5
Resume and certificate data matched!
```

当然，除了上述方法外，我们也可以在读取电子证书的编号后，直接从数据库中

查询获取该电子证书的 Tophash，然后与简历的 Tophash 进行对比来判断简历数据的真实性。

8.5 电子证书撤销

在现实中，经常会有已签发的电子证书因为各种原因而被撤销的情况。不同的机构对电子证书撤销的流程有不同的规定，我们为了演示方便，仅在系统数据库中对某些字段做标注，同时将电子证书撤销的相关信息上链存证。电子证书撤销流程如图 8-22 所示。

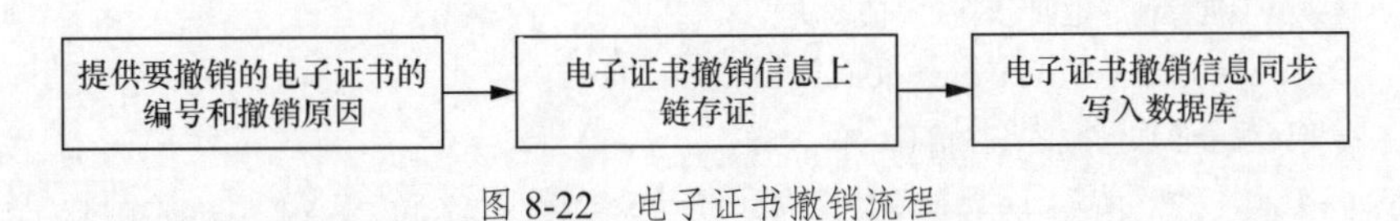

图 8-22 电子证书撤销流程

实现电子证书撤销流程的示例代码如下。

```
import CertBlockchain as chain                    #导入预定义的区块链相关操作函数
import time
import sqlite3

DATABASE = './database/CertLocalData.db'          #数据库文件所在位置
con=sqlite3.connect(DATABASE)                      #连接数据库
cur=con.cursor()                                   #定义光标

revoke_date=str(time.strftime("%Y-%m-%d %H:%M:%S", time.localtime()))
'''
数据库同步函数。
参数说明如下。
CertificateNo：电子证书编号。
Description：撤销备注信息。
'''
def SynToDatabase(CertificateNo,Description):
     sql_text="UPDATE Certificates SET certStatus='Revoked', \
     memo='" + Description + "' WHERE CertNo='" + CertificateNo +"'"
    cur.execute(sql_text)
    con.commit()
 '''
定义一个用于电子证书撤销的函数。
参数说明如下。
CertificateNo：电子证书编号。
Description：撤销备注信息。
'''
```

```
def Cert_Revoke(CertificateNo,Description):
    certNo=CertificateNo
    desp=Description

    chain_data={
        'CertNo':certNo,
        'Memo':desp,
        'RevokeDate':revoke_date
        } #电子证书撤销信息上链存证

        data=str(chain_data)
        #数据上链存证，返回记录交易的区块号
        block_number=chain.saveDataOnBlock(data)
        #将区块号也加入撤销备注信息
    desp=desp + " and transaction blocknumber is " + str(block_number)
SynToDatabase(certNo,block_number,desp) #同步写入数据库
    chain.blocks_list() #显示当前区块链中的区块信息

if "__name__==__main__":
    CertNo='2020060003' #示例电子证书编号
    #电子证书撤销信息
    Revoke_Desc="This Certificate was revoked since "+ revoke_date
    Cert_Revoke(CertNo,Revoke_Desc)
```

8.6 视图函数的实现

基于区块链的电子证书认证系统的主要技术要点和细节在前面已经做了详细介绍，还需要实现的是每个预定义的 Flask 路由路径所对应的具体视图函数。因为所有技术要点的编码在前面已经实现，故我们现在要做的是对这些代码进行整合，具体步骤如下。

首先，我们要建立一个 Flask 框架启动文件（例如名为“app.py”的文件），示例代码如下。

```
from flask import Flask
app = Flask(__name__)
app.secret_key = "secret key"        #启用 session 时需要用到
from views import *                  #引入视图函数定义文件
if __name__ == "__main__":
    app.run(debug = True)            #启动 Flask 框架
```

然后，将所有视图函数的实现以及与之相关的函数定义整合在一个文件中（例如名为“views.py”的文件），该文件将被导入 Flask 框架启动文件，示例代码如下。

```
import os
import time
from app import app
from flask import Flask, flash, request, redirect, render_template, session,
jsonify,g, url_for,abort
from werkzeug.utils import secure_filename
import csv

import hashlib
from math import sqrt
from merkletools import MerkleTools
import json
import ast
import webbrowser as web
import sqlite3
import CertBlockchain as chain                    #导入预定义的区块链相关操作函数
from resumeParser import *                        #导入预定义的简历解析相关操作函数
import ResumeAuthentication as RA                 #导入预定义的简历与电子证书对比相关函数
from  CertIssueAndSaveToChain import All_Data_Upload_to_Chain
#导入预定义的数据上链操作相关函数
from SynToLocalDatabase import syn_to_database #导入预定义的数据库写入操作相关函数
#数据库配置文件
DATABASE = './database/CertLocalData.db'     #数据库文件所在位置
DEBUG = True
SECRET_KEY = 'Jiantao Lu'
USERNAME = 'admin'
PASSWORD = 'admin123'

def connect_db():                                 #数据库连接函数
    return sqlite3.connect(DATABASE)

def query_db(query, args=(), one=False):     #数据库操作实现函数
    cur = g.db.execute(query, args)
    rv = [dict((cur.description[idx][0], value)
             for idx, value in enumerate(row)) for row in cur.fetchall()]
    return (rv[0] if rv else None) if one else rv

@app.before_request                               #在请求收到之前绑定一个函数做一些事情
def before_request():
    g.db = connect_db()

@app.teardown_request                             #每一个请求之后绑定一个函数，即使遇到异常
def teardown_request(exception):
    db = getattr(g, 'db', None)
    if db is not None:
        db.close()
```

```
'''
数据库同步函数。
参数说明如下。
CertificateNo：电子证书编号。
Description：撤销备注信息。
'''
def SynToDatabase(CertificateNo,Description):
    sql_text="UPDATE Certificates SET certStatus='Revoked', Memo='" + Description +
"' WHERE CertNo='" + CertificateNo +"'"
    g.db.execute(sql_text)
    g.db.commit()

'''
定义一个用于电子证书撤销的函数。
参数说明如下。
CertificateNo：电子证书编号。
Description：撤销备注信息。
'''
def Cert_Revoke(CertificateNo,Description):
    certNo=CertificateNo
    desp=Description
    revoke_date=str(time.strftime("%Y-%m-%d %H:%M:%S", time.localtime()))

    chain_data={
        'CertNo':certNo,
        'Memo':desp,
        'RevokeDate':revoke_date
        } #电子证书撤销数据上链存证

    data=str(chain_data)
    #数据上链存证，返回记录交易的区块号
    block_number=chain.saveDataOnBlock(data)
    #将区块号也加入撤销备注信息
    desp=desp + " and transaction blocknumber is " + str(block_number)
    SynToDatabase(certNo,desp)           #同步写入数据库
    chain.blocks_list()                  #显示当前区块链中的区块信息

'''
定义一个用于将上链数据同步到数据库的函数。
参数说明如下。
data_to_load：电子证书签署上链过程中保存的上链数据临时文件
'''
def syn_to_database(data_to_load):
    file=open(data_to_load,'r')          #打开保存批量上链数据的文件
```

```
    data=file.read()                            #读取文件内容
    data=eval(data)                             #将文本内容还原成列表

    #遍历列表中所有数据
    for i in range(len(data)):
        sql_text="INSERTINTO certificates(CertNo,GraduateName,Institution,\
          Degree,IssueYear,Temp_Hash,Cert_Hash,Merkle_Hash,IPFS,BlockNumber) VALUES('"\
          + data[i]['CertNo']+ "','"+ data[i]['GraduateName'] + "','"\
          + data[i]['Institution']  + "','"+ data[i]['Degree']  + "','"  \
          + data[i]['IssueYear']  + "','"  + data[i]['Temp_Hash']  \
          +"','" + data[i]['Cert_Hash']  +"','" + data[i]['Merkel_Tophash'] + "','"\
          + data[i]['IPFS']  + "','" + str(data[i]['BlockNumber']) + "')"
        g.db.execute(sql_text)

    g.db.commit()                               #确认将数据插入数据库

@app.route('/login', methods=['GET', 'POST'])
def login():                                    #用户登录视图函数
    universities = ['CCNU', 'HUST', 'WHU']
    if request.method == 'POST':
        username = request.form['username']
        session['logged_in'] = True
        session['username'] = username
        return render_template('query.html', universities=universities)
    return render_template('login.html')

@app.route('/logout')
def logout():                                   #用户登出视图函数
    session.pop('logged_in', None)
    flash('You were logged out!')
    return redirect(url_for('home'))

@app.route('/', methods=['GET', 'POST'])
def home():                                     #系统首页视图函数
    if session.get("logged_in"):
        hello="Welcome "+session['username']
        flash(hello,"success")
    return render_template('home.html')

@app.route('/upload', methods=['GET', 'POST'])
def upload_file():                              #电子证书批量签署与数据上链视图函数
    #电子证书签署与数据上链过程中保存的上链数据临时文件，用于稍后写入本地数据库
    temp_data="syn_to_database.txt"
    if request.method == 'POST':
        if 'file' not in request.files:
```

```
            flash("No File Selected! ", "danger")
            error = "No file selected"
            return render_template('upload.html',error = error)
        file = request.files['file']
        if file.filename == '':
            flash("No File Selected! ", "error")
            return render_template('upload.html')
        if file :
            filename = secure_filename(file.filename)
            storage_folder=".\\upload"
            uploaded_file=os.path.join(storage_folder,filename)
            file.save(uploaded_file)
            All_Data_Upload_to_Chain(uploaded_file,temp_data)   #电子证书数据上链
            syn_to_database(temp_data)                          #同步写入本地数据库

            flash(filename+"Certificates Issued and Upload \
                to Blockchain Sccuessfully!",'success')

    return render_template('upload.html')

@app.route('/verify', methods=['GET', 'POST'])
def verify():                #简历与电子证书数据验证视图函数
    storage_folder=".\\upload"

    if request.method == 'POST':
        if 'resumefile' not in request.files or 'certfile' not in request.files:
            flash("All files not selected", "danger")
            return render_template('verify.html')

        Resume = request.files['resumefile']
        Certificate = request.files['certfile']

        if Resume.filename == '' or Certificate.filename == '':
            flash("All files not selected", "danger")
            return render_template('verify.html')

        if Resume and Certificate:
            resume_file=secure_filename(Resume.filename)
            cert_file=secure_filename(Certificate.filename)
            uploaded_resume=os.path.join(storage_folder,resume_file)
            uploaded_cert=os.path.join(storage_folder,cert_file)
            Resume.save(uploaded_resume)
            Certificate.save(uploaded_cert)
            ret=RA.Resume_Cert_Comparison(uploaded_resume,uploaded_cert)

            if(ret['Tag']=='pass'):
```

```
            flash(ret['Content'],'success')
        else:
            flash(ret['Content'],'warning')
    return render_template('verify.html')

@app.route('/revoke', methods=['GET', 'POST'])
def cert_revoke():            #电子证书撤销视图函数
    if request.method=="POST":
        revoke_date=str(time.strftime("%Y-%m-%d %H:%M:%S", time.localtime()))
        Revoke_Desc="This Certificate was revoked since "+ revoke_date
        CertNo=request.form['CertNo']
        Cert_Revoke(CertNo,Revoke_Desc)

        flash("Certificate has been revoked since now.","success")

        return render_template('revoke.html')

    return render_template('revoke.html')

@app.route('/query', methods=['GET', 'POST'])
def cert_query():             #综合信息查询视图函数
    if request.method=="POST":
        sql="SELECT * FROM certificates WHERE GraduateName \
            LIKE '%"+request.form['searchText']+"%' \
            OR CertNo LIKE '%"+request.form['searchText']+"%'"
        result=query_db(sql)
        return render_template('query.html',CertInfo=result)
    return render_template('query.html')
```

从上述示例代码中可以看出，每个视图函数的核心逻辑功能与我们在前面那些示例中讨论的完全一致，除了数据的输入、输出方式略有不同。例如，使用 request.fiels[]从电子证书模板中获取以 POST 方式传递的表单数据；使用 secure_filename()方法获取页面中提交的文件名；使用 flash()函数替代 print()函数在页面中输出相关信息。

8.7 系统运行与功能测试

在 Anaconda 控制台中执行 python app.py 命令来启动系统，然后开启浏览器，在地址栏中输入 http://127.0.0.1:5000/并按 Enter 键，便可打开系统首页。可以单击系统首页导航栏上的链接来测试对应的功能，在系统的任意一个页面中单击导航栏最左侧标注为“CertAuth”的图标即可返回系统首页。

8.7.1 电子证书批量签署与上链功能测试

在电子证书批量签署与上链页面中，上传一个毕业生名册文件，然后单击“签署上链”

按钮，系统将在服务器指定的目录下生成签署过的、以学生名字命名的电子证书文档，同时将电子证书相关信息上链存储，并将这些信息同步存储到本地嵌入式数据库中。运行结果如图 8-23 所示，其中图 8-23（a）为电子证书批量签署与上链操作成功提示页面，图 8-23（b）为用第三方工具打开数据库时查看到的信息入库结果。

（a）电子证书批量签署与上链操作成功提示页面

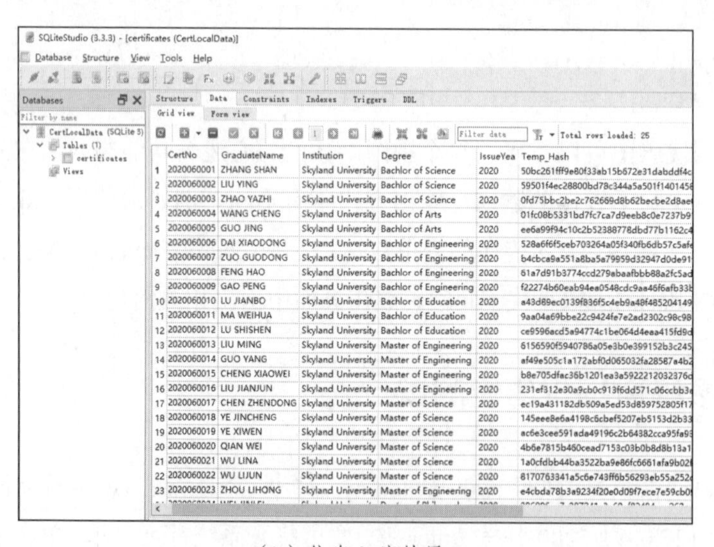

（b）信息入库结果

图 8-23　电子证书批量签署与上链功能测试

8.7.2　简历与电子证书数据验证功能测试

单击导航栏中的“证书验证”链接，即可进入简历与电子证书数据验证页面。单击页面左侧虚线框区域将弹出文档选择界面，从中选取用户简历文档。单击页面右侧虚线框区域也将弹出文档选择界面，从中选取用户电子证书文档。也可以将这两个文档分别拖放到这两个区域来完成文档选择。电子证书文档和简历文档中若有一个没选择，系统都会提示相关信息。

单击“数据验证”按钮，若电子证书和简历数据一致，则显示如图 8-24（a）所示的信息，否则显示如图 8-24（b）所示的信息。

（a）简历与电子证书数据一致

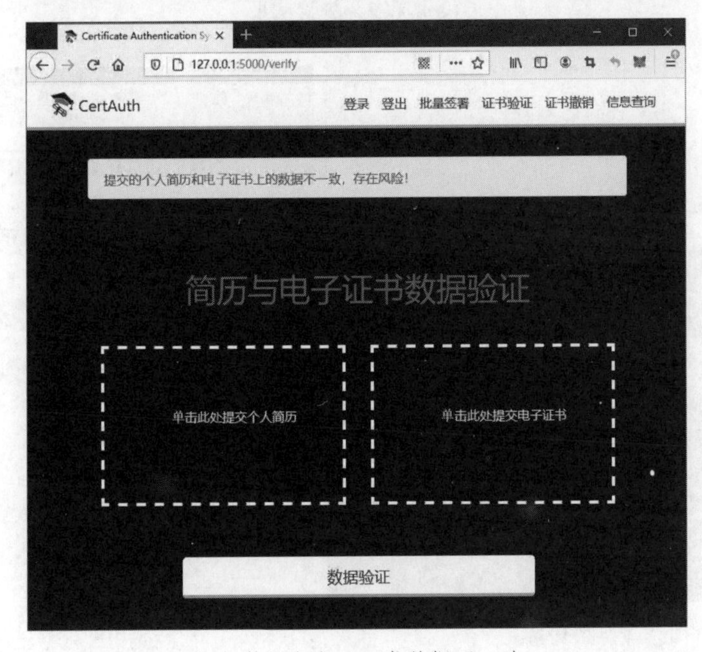

（b）简历与电子证书数据不一致

图 8-24　简历与电子证书数据验证功能测试

8.7.3 综合信息查询功能测试

在综合信息查询页面中，我们可以通过在文本框中输入学生姓名或电子证书编号来查询与之相关的电子证书上链信息。由于我们使用的是模糊匹配技术，若文本框中无任何输入信息，单击“查询”按钮将返回数据库中所有电子证书记录，结果如图 8-25（a）所示。若输入准确的学生姓名（不区分大小写）或者电子证书编号，则返回如图 8-25（b）所示的与该姓名匹配的电子证书上链相关信息。单击查询结果中的“IPFS Address”所对应的超链接，将新建一个浏览器页面并显示存储在 IPFS 网络上的电子证书，如图 8-25（c）所示。

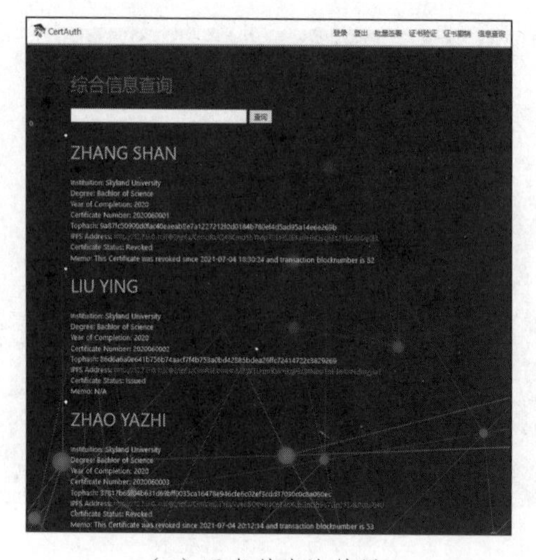

（a）无条件查询结果

（b）条件查询结果

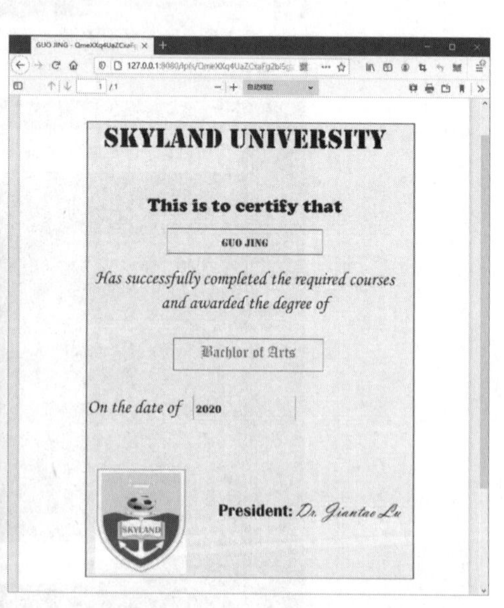

（c）存储在 IPFS 网络上的电子证书

图 8-25 综合信息查询功能测试

8.7.4　电子证书撤销功能测试

在电子证书撤销页面中，我们在文本框中输入要撤销的电子证书的编号，然后单击“提交”按钮，则该编号的电子证书将被撤销，操作结果如图 8-26（a）所示。在综合信息查询页面中，我们输入刚才撤销的电子证书的编号，查询结果如图 8-26（b）所示，可以看出该电子证书确实已经被撤销，而且在撤销备注信息中显示出撤销操作上链存证的区块号等相关信息。

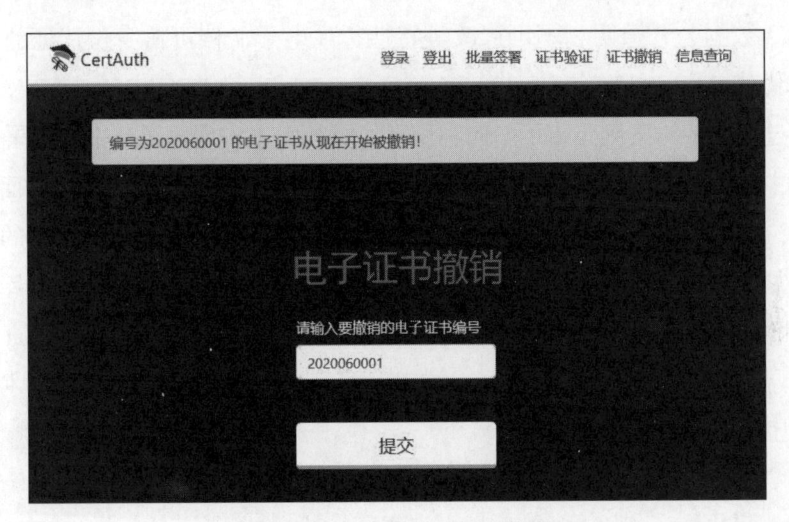

（a）电子证书撤销的操作结果

（b）综合信息查询结果

图 8-26　电子证书撤销功能测试

该系统的主要功能的测试至此已经完成。有兴趣的读者可以在这个简单示例的基础上添加更多的功能代码来对系统进行完善，例如单个电子证书的签署与上链、学校注册信息的上链等。

8.8 本章小结

在当今的信息化社会，各种具有价值的文件、档案、证书等都逐渐开始进行电子签署和保存，这就对电子文档的数据安全传输与可信度认证提出了很高的要求。区块链因其去中心化、数据公开透明和不可篡改等特性，在电子文档可信身份认证的过程中具有明显的技术优势。

本章通过一个具体案例介绍了如何利用区块链技术来实现电子证书的签署、上链存储、真伪验证等主要功能，对系统的逻辑功能设计、UI 设计、编程实现等各个方面都进行了较为详细的讨论。在技术实现与系统测试过程中，本章整合应用了前面所介绍的诸多相关技术，包括数据的上链存储与读取、基于 IPFS 的分布式文件存储与访问、数据库信息存储与读取、本地区块链系统的访问与交互控制等。此外，本章还介绍了利用 Python 第三方模块来实现 PDF 文档解析，以及元数据的读取、添加与修改等相关技术，这些技术在整个系统的实现过程中起着非常重要的作用。

8.9 习题

1. 简述 PDF 文档解析的一般步骤。

2. 用 Microsoft Word 等第三方工具创建一个可编辑的 PDF 文档，用 Python 代码实现添加、修改其元数据并解析文档内容。

3. 简述电子证书签署与电子证书数据验证的实现步骤。

4. 默克尔树在电子证书签署过程中的作用是什么？

5. 电子证书签署过程中，上链的核心数据有哪些？

6. 简述 IPFS 网络在电子证书认证系统中的作用。

7. 简述电子证书数据上链的基本过程。

8. 在本章设计的电子证书认证系统中，为什么要用到数据库？

9. 用 LevelDB 数据库实现本章示例中对应部分的功能。

10. 简述简历解析与电子证书数据验证的基本过程。